NEW VISION

新 视 界

始于未知　去往浩瀚

硬核创新

为什么是杭州

朱克力

著

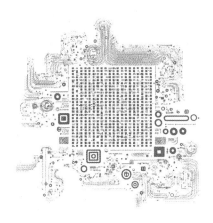

上海远东出版社

图书在版编目（CIP）数据

硬核创新：为什么是杭州 / 朱克力著 . -- 上海：
上海远东出版社，2025. --（新视界丛书）. -- ISBN
978-7-5476-2149-3

Ⅰ. G322.755.1

中国国家版本馆 CIP 数据核字第 2025UE1981 号

出 品 人　曹　建
责任编辑　程云琦　杨婷婷
封面设计　徐羽情

硬核创新：为什么是杭州

朱克力　著

出　　版　**上海远东出版社**
　　　　　（201101　上海市闵行区号景路 159 弄 C 座）
发　　行　上海人民出版社发行中心
印　　刷　上海颛辉印刷厂有限公司
开　　本　710×1000　　　1/16
印　　张　18.75
插　　页　2
字　　数　248,000
版　　次　2025 年 5 月第 1 版
印　　次　2025 年 5 月第 1 次印刷
ISBN　978-7-5476-2149-3/G·1230
定　　价　78.00 元

序 章

软环境，硬创新

> 创新有时需要离开常走的大道，潜入森林，你就肯定会发现前所未见的东西。[①]
>
> ——A. G. 贝尔（美国科学家）

如今，竞逐科技创新高地，已是城市之间你追我赶的拉力赛。杭州以别具一格的方式，书写着令人瞩目的"非典型"突围史。这座既缺乏传统工业重镇那般深厚的工业根基，又未享有政策特权加持的江南古城，仿若一位低调却实力强劲的隐者，在悄然间完成了从"电商之都"向"硬核创新策源地"的华丽蜕变。其发展演进的轨迹，恰似南宋御街那历经岁月打磨的青石板，每一块都承载着历史的厚重，又融入了现代的蓬勃精神，二者相互交织熔铸，塑造出独一无二的城市肌理。

创新在这里并非一句空洞的口号，而是已经深深融入了企业的基因。凭借一种独特的方式，杭州将科技创新与城市发展结合，催生出被称为"杭州六小龙"的科技新贵企业群——深度求索（DeepSeek）、宇树科技、强脑科技、云深处科技、游戏科学、群核科技……这些企业在各自领域令人瞩目，在推动杭州经济发展的同时，也为全球科技创新提供了"硬核创新"的新

[①] 郎加明：《创新的奥秘：创造新的世界与金三极思维法》，中国青年出版社 1993 年 8 月版。

范例。

这是一片创新的沃土。从一座历史悠久的文化名城，转变为科技创新的前沿阵地，背后的推动力究竟是什么？如何让制度要素、营商环境和社会文化多维度支持体系协同作用，形成一个有利于创新的"热带雨林生态"？深入解析后可以看到，通过软环境建设和硬科技创新，这座城市正在实现跨越式发展，为中国乃至全球城市创新提供宝贵经验与启示。

一

"无事不扰，有求必应"——制度供给者的角色进化，构成了人们观察杭州模式的首要关键切口。在多数地方政府仍深陷于"管理型政府"的传统惯性思维时，杭州政府早已悄然转身，成功化身为"制度设计师"。其施政智慧精妙地体现在深谙进退之道上——既不盲目充当冲锋陷阵、亲力亲为的"运动员"，也绝非冷漠旁观、只知评判的"裁判员"，而是另辟蹊径，通过对制度设计的大胆革新，因势利导优化资源配置，为创新企业提供合适的发展空间；积极推动数据开放，打破数据壁垒，让海量数据成为创新的肥沃土壤；强化知识产权保护，为创新成果保驾护航，激发创新主体的积极性……正是上述种种因势利导的制度创新举措，共同构建起了稳固支撑创新发展的制度基座。这种"轻干预、重筑基"的治理哲学，恰似西子湖畔那闻名遐迩的苏堤春晓，乍看之下，似乎只是自然随性的景致，不事雕琢，毫无刻意为之的痕迹，但细细品味，实则处处暗含精巧的工程匠心，每一处设计都蕴含着对城市发展长远而深刻的考量。

在制度经济学家关于"共有信念系统"的理论视角下，制度是一种在特定共同体内部形成的、基于共有信念的行为规则体系。人们在这个体系中基于共同的信念和预期，自觉遵守规则，从而实现社会秩序的稳定和经济活动的高效运行。企业确信政策稳定透明时，就会对未来的发展充满信心，从而更愿意进行长期的研发投入。这种投入有助于企业提升自身的技术实力和创新能力，也能为整个创新生态的可持续发展奠定坚实的基础。这种共有信念就成为一种隐形的契约。

与之异曲同工，杭州的这种制度创新模式，是对传统政府与市场关系的一次重新校准。在过去，政府过度干预常导致市场活力被抑制，企业自主性受限；而完全放任自流又易引发市场乱象。杭州精准找到了二者的平衡点，以制度创新为引导，给予市场充分的自主空间，让创新主体在有序的规则下自由竞争与创造。这不仅为杭州当下的创新发展注入强大动力，更为行走在探索政府治理现代化路径上的其他城市提供了宝贵的实践样本，揭示了制度创新并非简单的政策堆砌，而是一场对治理理念与方式的系统性变革。

二

民营经济的蓬勃生长，铸就了这座城市最为鲜活、灵动的创新基因。在杭州100万户的企业总量中，民营企业占比90%以上。杭州独特且充满活力的创新生态，与之须臾不可分。以游戏科学为例，这家企业敢于在游戏技术的"无人区"勇敢探索，以独特的创意和先进的技术打造出《黑神话：悟空》这样震撼全球的作品，展现出无畏的冒险精神。而宇树科技在机器人领域不断深耕，其机器狗产品不仅在国内备受关注，更是热销海外。

这些科技新贵的身上有着与阿里系一脉相承的"道法自然"：一方面，它们敢于在技术前沿的未知领域纵马驰骋，大胆尝试，不惧失败；另一方面，它们又对市场规律有着深刻的洞察和精准的把握，懂得在市场竞争中生存与发展的法则。这种由残酷的市场竞争淬炼出的创新本能，与有些经过精心设计却往往略显刻意为之的产业政策相比，更具生命力和适应力，如同在大自然中生长的植物，更能适应复杂多变的环境，展现出蓬勃的生机。

　　杭州民营经济的繁荣，深刻影响着城市创新生态的多元化发展。众多民营企业由于其自身的灵活性和创新性，得以迅速捕捉新兴市场需求和技术趋势，填补大型企业和传统产业难以触及的细分领域空白。不同行业、不同技术层面的创新尝试，如同繁星点点，汇聚成一片创新的璀璨星空。这种多元化的创新格局，既增强了城市经济抵御风险的能力，更营造出一种鼓励创新、宽容失败的社会氛围，吸引更多怀揣梦想的创业者投身其中，形成良性循环，进一步夯实了杭州作为创新之都的根基。

三

　　产学研用的融合生态，成功解开了科技成果转化这一长期以来困扰诸多城市的"戈尔迪之结"。浙大系创业者的批量涌现，绝非仅仅是高校资源自然溢出的简单结果，其背后实则深深根植于"实验室到生产线"的无缝衔接机制。企业科技特派员如信使一般，频繁穿梭于校园与产业园之间，他们带去了企业的实际需求，带回了高校的前沿科研成果，促进了二者的紧密结合。云平台强大的算力，则成为如同水电般的公共基础设施，为科研和企业创新提供了坚实的技术支撑。

　　在此模式下，杭州事实上成功重构了知识生产的价值链条。产教结合的持续深入，恰似那贯穿古今的京杭大运河，不仅连接了不同的地域，更让理论知识的清泉得以源源不断地滋养产业发展的肥沃田野，使得知识能够迅速转化为实际生产力，推动产业不断升级创新。

　　在产学研用融合的生态逻辑下，杭州打破了传统产学研之间存在的体制机制障碍。以往，高校科研成果往往停留在理论层面，难以落地转化，企业又缺乏前沿技术研发能力。而杭州通过建立紧密的合作机制，让高校、科研机构与企业深度融合，实现了知识创造、技术研发与市场应用的高效对接。这一模式不仅提升了科技成果转化率，更培育了大量既懂理论又能实践的复合型人才，为城市的可持续创新发展提供了源源不断的智力支持，为构建创新型国家的产学研协同创新体系提供了可复制、可推广的地方经验。

四

创新文化的代际传承，赋予了这座城市超越单纯技术层面的强大精神势能。从南宋临安城的市舶司遗风——那时杭州便展现出开放包容、勇于探索商业贸易的精神，到互联网时代引领潮流的数字革命，杭州的创新基因始终保持着"务实而敢为"的双螺旋结构。当下，硬核科技企业如雨后春笋般崛起，既是对阿里时代商业创新的一次大胆超越，更是对这座城市千年以来创新血脉的有力接续。

一种深刻的文化自觉，使得杭州的创业者们既能够仰望星空，执着追问技术的本质，探索科学的边界；又能够脚踏实地，一步一个脚印地破解产业化过程中面临的重重难题。在一些新兴科技领域，杭州的创业者们在追求前沿技术突破的同时，也注重产品的实际应用和市场推广，将技术与市场紧密结合，充分体现了这种创新文化的影响。

创新文化的传承在杭州构建起了一种独特的城市创新精神内核。跨越时空，凝聚着不同时代杭州人的智慧与勇气，成为城市发展的强大精神动力。这种文化不仅激励着本土创业者不断突破自我，也吸引着来自全国各地乃至全球的创新人才汇聚于此。他们在杭州这片充满创新氛围的土地上，汲取文化养分，激发创新灵感，进一步丰富和拓展了杭州的创新文化内涵，形成一种具有强大向心力和辐射力的创新文化生态，持续推动城市在创新之路上不断前行，塑造着杭州独特的城市创新气质。

五

　　资本与技术的完美共舞，清晰地折射出资源配置过程中的市场理性。谁还沉迷于政府基金大规模投入的"大水漫灌"模式，期望通过大量资金的堆砌来推动创新？早就玩不转了。如今，杭州的创投市场如同成熟的舞者，进化出独特而精准的价值发现机制。产业基金不再仅仅扮演为企业"输血"的简单角色，而是成功转型为创新要素的高效"连接器"，通过敏锐捕捉市场信号，精准引导资本流向那些真正具有创新潜力和市场前景的项目与企业。

　　对市场规律的敬畏与遵循，恰如钱塘江潮一般进退有度，既保持着汹涌澎湃的发展动能，又严格遵循自然的节律，使得资本与技术在市场的舞台上和谐共舞，相互促进，共同推动城市创新发展。

　　杭州资本与技术的良性互动模式，从根本上改变了创新资源的配置逻辑。在传统模式下，资本的流向往往受行政指令或短期利益驱动，容易造成资源错配。而杭州以市场为导向的价值发现机制，能够精准筛选出真正具有创新价值和成长潜力的项目，实现资本与技术的最优组合，在提高创新资源利用效率的同时，降低创新风险，促使整个创新生态系统更加健康、可持续发展。同时，这种模式也为金融市场与科技创新的深度融合提供了范例，启发其他城市在推动创新的过程中，始终充分发挥市场在资源配置中的决定性作用，让资本真正成为技术创新的有力助推器。

六

　　站在历史维度深入审视杭州的突围之路，会发现它本质上是在积极探索后发城市独特的创新方法论：如何巧妙地将制度优势高效转化为实际治理效能，让充满活力的市场力量成功突破行政边界的束缚，使深厚的文化积淀重新焕发出耀眼的时代价值。其发展历程所带来的启示或许在于，真正意义上的创新策源地，关键并不在于单纯集聚了多少资源要素，而在于能否成功构建起一套完善的生态体系，让各类要素能够在其中自由流动、充分碰撞，进而实现裂变式发展。

当《黑神话：悟空》在全球范围内引发热烈追捧，刷屏各大媒体平台，并与宇树科技的机器狗在海外市场持续热销的场景同频共振时，杭州正以硬核科技为笔，重新书写城市的崭新叙事。这一发展态势已然超越了单个城市转型升级的范畴，更预示着中国的创新范式正在经历从以往的"模式创新"逐步转向"底层突破"的重大战略转折。

诚然，杭州未来也面临着诸多挑战，其中，关键或许在于如何巧妙避免创新路径陷入"运河化"困局——既要始终保持开放包容的广阔胸襟，积极吸纳全球先进技术和创新理念；又要在关键技术领域深挖"护城河"，加强自主研发和技术壁垒建设。毕竟，真正坚不可摧的创新高地，绝非在温室里受到精心呵护的盆景，看似精致，实际上却脆弱不堪，而是如同那片广袤无垠、经得起风雨考验的生态丛林，拥有强大的自我修复和持续发展能力。

目　录

上　篇

管窥营商环境

从 2008 年的"瞪羚计划"在金融风暴中为中小企业雪中送炭，到如今"三个 15%"的科技投入政策瞄准未来发展，杭州凭借因势利导的政策工具，实现从"政策洼地"向"创新高地"的华丽转身，构建起稳定透明的政策环境，让企业安心创新。无论是政务服务的"亲清在线"平台，还是知识产权的"异步审理模式"和"共享专利池"等创新举措，抑或是"杭铁头"精神赋予创业者坚韧务实底色、耐心资本为创业深度赋能，都是这个柔性生态不可或缺的重要一环。

杭州的营商环境，呈现出柔性制度设计与硬核技术需求协同共进的特点。为此，本书选取了几个要点作为观察背景，尽管这些要点还不是已有定论的节点或亮点。我们尝试以点带面、管中窥豹，对杭州营商环境进行不同维度的解读，展现其在政策环境、制度创新、护航市场等方面的实践，希望在为读者理解杭州硬核创新崛起提供一些视角的同时，能够为其他城市优化营商环境、推动创新发展带来有价值的思考。

第一章
柔性治理的生态根基

  城市创新生态就像精心培育的热带雨林，柔性制度设计与硬核技术需求协同演进，共同构筑起充满生机与活力的创新沃土。在这片土地上，政策的阳光雨露适时洒落，滋养创新的种子生根发芽、茁壮成长；而企业们凭借自身的智慧与勇气，在技术与市场的无尽前沿披荆斩棘，探索出一条独具价值的"硬核创新"发展之路。

  数字化浪潮拍打着钱塘江岸，这座城市悄然编织着一张无形的创新网络——既非自上而下的刚性框架，亦非放任自流的无序丛林，而是一套能够随技术迭代动态调节的柔性系统。从西溪湿地的创业咖啡馆到高新区（滨江）物联网产业园，在看似分散的创新节点之间，始终流动着制度弹性、资源适配与社会协同构成的底层逻辑。

  当宇树科技的智能机器人惊艳亮相，其足底的传感器不仅可以收集物理空间的摩擦力参数，更将政府服务效率、产学研对接速度、资本风险偏好等抽象变量转化为可计算的数字信号。这种虚实交融的场景恰是杭州创新生态的缩影：制度柔性的本质，在于将政策文本转化为可编程的开放接口，让创新主体可以在合规框架下自由组合要素，如同开发者调用 API（应用程序编程接口）一般，构建自己的增长模型。

政策红利：创新高地进化论

一个区域的发展，离不开以制度供给创造竞争优势，并平衡好短期资源集聚与长期生态培育。"无事不扰"不是无所事事，"有求必应"重在有所行动。杭州的"政策洼地"特质，缘于其因势利导，适时推出有针对性的政策工具，保持制度创新的持续突破。其通过要素成本优势吸引企业集聚，再经创新生态的自我强化，最终实现从"政策洼地"向"创新高地"的跃升，形成"政策红利—要素集聚—生态升级—价值输出"的典型范式。

政策洼地的历史契机

2008 年，一场源自美国的金融风暴席卷全球，给世界经济带来巨大冲击。

当年 4 月，杭州出台《杭州市成长型中小工业企业五年（2008—2012）培育计划》，即杭州版的"瞪羚计划"①，扶持培育具有较强自主创新能力和

---

① 需要指出的是，杭州并非国内首次推出该计划的城市。中国的"瞪羚计划"最早于 2003 年 4 月在北京市海淀区中关村正式实施，作为一项将金融体系与信用体系有机结合的计划，由中关村管委会与八大银行联手启动。

发展潜力的成长型中小企业。一把保护伞，为不少在风雨中飘摇的中小企业提供了宝贵支持。杭州的逻辑是，经济越面临困难，政府越要"放水养鱼"，为企业解困。于是，杭州市推出了中小工业企业信托债权基金，而且给它起了个好听的名字——苏堤春晓，希望能给杭州的中小企业带去发展的春天。[①]该基金主要由受托人将委托人的信贷资金集合起来，用于向杭州市中小企业提供贷款支持，贷款由担保公司担保，在严格控制风险的前提下，使受益人获得相对稳定的收益，同时由政府引导资金"四两拨千斤"，对杭州市内的中小企业进行金融扶持。另外，从 2008 年开始，杭州从市中小企业专项扶持资金中拿出一部分钱，分批安排"瞪羚企业"高层到浙江大学进修 EMBA，学制 18 个月。

从国际上看，1994 年，美国麻省理工学院经济学教授戴维·伯奇（David L. Birch）与詹姆斯·麦道夫（James Medoff）将既能快速增长，又创造了大部分新增工作机会的极少数中小企业称为瞪羚企业。瞪羚企业具有瞪羚的特征——个头不大、跑得快、跳得高。美国硅谷是最早开展瞪羚企业跟踪研究的地区。硅谷社区基金会（SVCF）和民间智库 Joint Venture Silicon Valley 联合编制的《硅谷指数》（Silicon Valley Index）提出了瞪羚企业的界定标准：起始年收入大于或等于 100 万美元，且要求连续 4 年年收入增长率不低于 20%。[②] 基于企业生命周期的瞪羚企业成长路线如图 1-1 所示。

杭州在实施"瞪羚计划"时，结合本地产业发展特点，对瞪羚企业的界定标准进行了本地化调整。杭州所关注的瞪羚企业主要为成长型中小工业企业，具备一定的收入规模和增长潜力。杭州版"瞪羚计划"正是围绕这类本

---

① 王佳佳：《它有个好听的名字叫苏堤春晓》，《都市快报》2008 年 10 月 29 日，https://news. sina. com. cn/c/2008-10-29/031514644441s. shtml。

② 李自曼：《"跑"多快才能评上瞪羚企业?》，中新经纬，2024 年 11 月 6 日，https://mp. weixin. qq. com/s/cKitb6hNG920wQe6ufLLRQ。

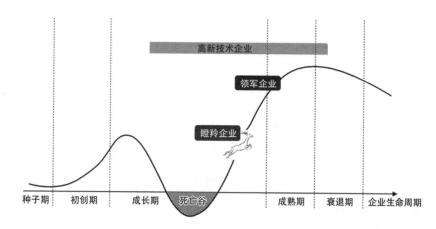

图 1-1　基于企业生命周期的瞪羚企业成长路线①

土化的瞪羚企业展开的，通过提供融资解决方案等措施，推动其快速成长与发展。

"瞪羚计划"与其他配套政策措施形成联动，扶持具备高成长潜力的成长型中小工业企业，助力其在杭州进一步发展壮大。具体措施包括面向企业提供相关优惠及必要补贴等，以帮助企业降本增效。比如，对符合条件的企业给予一定期限的税收减免，降低其运营成本，让企业能够将更多资金投入技术研发和业务拓展中。租金补贴则可以为企业减轻办公场地租赁的负担，使之能够在艰难的创业过程中实现轻装上阵。

当然，这还只是这座城市长期以来主动施策、因势利导过程中的一个缩影。事实上，无论是在此之前还是在这之后，杭州在多数时候都能把握好这个节奏，适时推出一系列有针对性、真正"解渴"的举措，可以在短时间内汇聚众多创新力量，形成一定的产业规模和集聚效应，间接为后续培育创新企业、探索新兴产业注入发展动能。

---

① 张琳、柳卸林、李享、赵树璠、贾敬敦：《中国瞪羚企业的现状、挑战与建议》，《中国科技论坛》2022 年第 8 期，第 100—106 页。

规则牵引的协同效应

杭州的创新基因由来已久，治理智慧源远流长，自宋代起就开始孕育。当时，临安城设立的"市舶司"堪称那个时代国际贸易治理的典范。比如，对外商和外国商船采取保护措施，若遇风水不便、船破桅坏者，即可免税。①这极大激发了海上贸易的活力，不仅促进了国际贸易繁荣，也为城市带来丰厚的税收，使杭州成为当时世界重要的经济中心之一。可以说，市舶司通过政策引导，将治理创新与经济发展紧密结合，其背后蕴含的制度逻辑与现代治理的核心理念高度契合。

在城市创新生态的发展过程中，制度经济学家提出的"共有信念系统"②理论得到生动的印证。该理论视角下的制度，是一种在特定共同体内部形成的、基于共有信念的行为规则体系。在这个体系中，人们基于共同的信念和预期，自觉遵守规则，从而实现社会秩序的稳定和经济活动的高效运行。作为市场经营主体的企业，一旦确信政策稳定透明，便会对未来发展充满信心，从而更愿意进行长期的研发投入。这种投入不仅有助于企业提升自身的技术实力和创新能力，也能为整个创新生态的可持续发展奠定坚实的基础。

如此一来，共有信念无疑能够成为一种隐形的契约。正是杭州稳定透明的政策环境，让企业确信在此能持续获得稳定发展。在这样的环境中，企业可以更加清晰地了解政策导向和支持重点，从而有针对性地进行研发布局。而政府通过制定明确的政策规则，引导企业加大研发投入，鼓励企业开展关键核心技术攻关，推动产业升级和创新发展。以电商平台阿里巴巴为例，其

---

① 城市怎么办：《宋代杭州的市舶司》，城市学研究网，2020 年 6 月 1 日，http://www.urbanchina.org/content/content_7746351.html。
② 孙宇锋：《何谓制度？试论青木昌彦的信念共同体》，《比较》2023 年第 3 期。

通过持续加大在云计算、大数据等领域的研发投入，不断推出新产品和新服务，在自身发展壮大的同时，也带动了杭州数字经济产业的蓬勃发展。这体现的正是"共有信念系统"和城市创新生态的相互契合与彼此成就。

稳定透明的政策环境，也是城市创新能力的重要底座。来自杭州市科技局的数据显示，2023 年全市 R&D（科学研究与试验发展）经费投入强度达到3.86%，居全国 GDP 前 10 城市中的第 5 位；国家高新技术企业突破 1.5 万家，居全国城市第 5 位；技术交易额达到 1 589 亿元，增长近 50%；在国家创新型城市创新能力评价中位居全国第 5 位，全球创新指数排名稳居全球第14 位。[1]

基于共有信念的规则体系，不同主体的创新将产生更多的协同效应。在这个过程中，企业和高校、科研院所作为重要的创新主体，尤其受到重视。在杭州，政府主要给予两类主体大力支持：一方面，出台强化企业科技创新主体地位 20 条措施，推动企业真正成为技术创新决策、研发投入、科研组织和成果转化的主体；另一方面，支持高校、科研院所创新发展，出台成果转化 12 条措施，建设环大学大科创平台生态圈，促进高校院所科技成果就地交易、就地转化、就地应用。[2]

增强有效性和适应性

尽管杭州在创新生态建设方面已经取得显著成效，但这并不意味着它在一些领域不会面临挑战。随着科技快速发展，新兴领域不断涌现，且具有创新性强、发展速度快、不确定性高等特点，这对政策的适应性和灵活性也提

[1]　姚含烨、胡珂：《2023 年全市国高企突破 1.5 万家　杭州连续四年捧回"科技创新鼎"》，《每日商报》2024 年 7 月 11 日，第 A15 版，https：//hzdaily. hangzhou. cn/mrsb/2024/07/11/article _ detail _ 3 _ 20240711A1510. html.

[2]　同上。

出更高要求。比如在一些领域，由于技术的复杂性和应用场景的多样性，相关政策的制定和完善需要一定的时间。在政策尚未成熟的阶段，企业在发展过程中可能会面临一些不确定性和风险，在研发投入和市场拓展方面就可能存在顾虑，从而影响产业发展速度和创新活力。

对城市而言，这就意味着需要加强对新兴领域的政策研究和制定，及时出台相关措施，为企业提供相对明确的政策导向和支持。通过建立健全政策评估和调整机制，在进一步优化政策连贯性的同时，根据新兴领域的发展动态和企业的实际需求，及时对政策进行评估和调整，从而增强政策的有效性和适应性。同时，通过加强与企业、科研机构等的沟通与合作，共同探索新兴融合性领域的发展规律和政策需求。尤其要建立健全产学研用协同创新机制，促进各方资源共享与协同创新，加快新兴领域的技术突破和应用推广，降低企业的试错成本，推动城市创新生态的持续繁荣发展。

而这些，都是一直以来"慢工出细活"的杭州，经年累月持续形成的优势所在。

营商护航：市场土壤优化术

营商环境是创新生态繁茂雨林中的土壤，为企业茁壮成长提供源源不断的养分。营商护航市场体现在方方面面，这里不妨从政务服务和知识产权两个方面出发，从中管窥城市营商环境的"冰山一角"。杭州通过数字化治理与知识产权保护双轮驱动，精心构建起企业生长的"加速器"，让企业在这片充满机遇的土地上，得以实现高效而安全的健康发展。

政务效率的突破性提升

当数字化浪潮席卷而来，这个堪称互联网高地的城市，自然而然地积极拥抱新技术，构建"制度基础设施"。从"亲清在线"平台实现惠企资金秒到账，到电子政务"最多跑一次"改革，杭州以治理现代化来降低制度性交易成本，使创新要素得以在全球化与在地化之间自由流动。这种"软基建"，或许比任何单项技术突破更具普适意义。

以"亲清在线"平台为例，其借助区块链技术，实现政务效率的飞跃式提升，为企业发展注入新的动力。"亲清在线"数字平台由杭州首创，率先推进行政服务中心"去中心化"改革，力求给每一个人提供追逐梦想、成就人生的舞台。作为杭州数字化治理的阶段性成果，"亲清在线"平台依托区块链技术的分布式存储、加密算法和智能合约等特性，旨在构建一个高效、透明、可信的政务服务体系。

在杭州开办一家企业需要跑几次？有可能一次也不用跑。在"亲清在线"平台上，企业开办流程被重塑。自 2020 年以来，该平台采取"实名验证＋电子签名"的全流程办理模式，使办理步骤从 11 个精简到 5 个，审批办结时间从 1 天压缩到 30 分钟[①]，让人才坐在家里，点点鼠标就能开办企业。这一转变成为一场"闪电战"，改变了传统政务流程的烦琐与拖沓。就拿企业选址决策来说，这个平台也能够发挥积极作用。通过实时提供的厂房空置率数据，企业能够在短短 7 天内精准完成选址决策，与传统模式相比，效率大为提升。这可以为企业节省大量的时间和人力成本，使之能够迅速抓住市场机遇，加快项目推进速度。

---

① 唐骏垚：《杭州"亲清在线"平台全功能发布》，《浙江日报》2020 年 7 月 4 日，第 3 版，https：//zjrb.zjol.com.cn/html/2020-07/04/content_3344512.htm。

"亲清在线"平台的价值还体现在其他多个方面。例如，在政策申报环节，平台实现了政策的结构化发布和个性化速兑，企业只需在平台上简单操作，就能快速了解并申请适合自身的政策补贴，大大提升政策获取的便捷性和及时性。在与政府部门的沟通协作方面，平台的在线呼应功能让双方的交流更加顺畅高效，企业的问题和诉求能够得到及时回应和解决，为企业发展营造良好的政务环境。

随着政务效率的突破性提升，城市与企业之间的互动有了新的界面。在数智赋能背景下，公共服务从传统走向现代有了技术支撑，政企关系不仅更"亲"也更"清"了。

知识产权保护的创新实践

知识产权保护是创新生态的重要基石。在这方面，杭州也进行着一系列创新实践，为企业的创新成果保护和价值扩散保驾护航。

以杭州互联网法院首创的"异步审理模式"[①] 为例，这是知识产权保护领域的一大创新亮点。在传统的诉讼模式中，当事人需要同时、同地参与庭审，这对身处不同地区、时间安排紧张的当事人来说，往往是一项巨大的挑战。而"异步审理模式"则打破了这种时间和空间的限制，使当事人可以根据自己的时间安排，不同时、不同地、不同步登录平台完成诉讼。这一模式的优势在专利侵权案件中得到充分体现。以往，专利侵权案件的审理周期冗长，常常让企业耗费大量的时间和精力。而"异步审理模式"的出现，可使案件审理周期大幅缩短。这既有助于提高司法效率，让企业得以更快地获得司法公正，也能降低企业的维权成本，增强企业创新的信心。

---

① 吴勇：《全球首个！杭州互联网法院"异步审理模式"上线　颠覆传统》，浙江在线，2018 年 4 月 2 日，https://zjnews.zjol.com.cn/zjnews/hznews/201804/t20180402_6937610_ext.shtml。

不仅是在杭州市级层面，事实上，整个浙江省在这方面都具有较强的意识，而且善于根据市场形势和企业发展需要，引入新的机制并运用新的手段，以实现更大范围的创新扩散。比如，面对科技创新成本持续升高，且科技创新越来越呈现多学科、多领域交叉融合的态势，近些年浙江省出台了政策意见，支持龙头企业牵头组建创新联合体，围绕关键核心技术、战略性储备性技术组织"项目群"攻关。涉及知识产权层面，则鼓励创新联合体组建共享专利池，搭建专利许可交易平台，进行专利池内部交叉许可和统一对外授权。①

"共享专利池"作为知识产权保护的创新之举，对高科技企业颇具意义。尤其是在新兴行业的激烈竞争中，技术创新是企业的核心竞争力，但同时也伴随着高昂的研发成本和专利纠纷风险。相关科技企业通过参与建设"共享专利池"，可以与竞争对手实现技术交叉授权。这有助于避免企业之间的专利诉讼大战，降低企业的法律风险，还可促进技术的共享与合作，推动整个行业的技术进步。例如，相关企业通过技术交叉授权，可以获得其他企业的技术授权，从而能够将先进技术应用于自己的产品研发中，同时也可以将自己的部分技术授权给其他企业，实现互利共赢。

数据开放的外溢效应

只有一流的营商环境，才能诞生一流的企业。无论是游戏科学成立初期获房租补贴，还是宇树科技在困境中获融资，都得益于杭州良好的营商环境。从 2014 年的"一号工程"提出发展信息经济以来，杭州通过政策引导、提供服务和资源支持，积极为科创企业创造良好环境。2023 年，《杭州市优化营

---

① 湖州市科学技术局：《浙江大力推进创新链产业链实质性融合》，浙江省人民政府，2024 年 3 月 19 日，https://www.zj.gov.cn/art/2024/3/19/art_1229663320_60204076.html。

商环境条例》① 正式实施，标志着这座城市的创新生态发展进入了更高轨道。截至 2024 年，杭州连续 5 年在全国工商联营商环境评比中位居榜首，连续 22 年"中国民营企业 500 强"上榜企业数全国第一。②

杭州市深入贯彻国家大数据战略，积极推进公共数据有序开放，在 2023 年度"中国开放数林指数"城市综合排名中名列全国第一。③ 与杭州开放的公共数据开放相互映照的是数据企业的发展，尽管二者并无直观上的关联，却可以从同一个角度来验证数据驱动的创新范式在杭州营商环境中的实践价值。

"杭州六小龙"之一的群核科技，建成了全球最大的室内场景认知深度学习数据集，拥有超过 3.62 亿个 3D 模型。正是得益于丰富的数据资源，群核科技的 3D 建模工具拥有了更强大的支撑，能够不断优化算法、提升产品性能。在实际应用中，群核科技的 3D 建模工具凭借其精准的模型构建和丰富的场景数据，吸引大量用户，广泛应用于建筑设计、室内装修、房地产营销等多个领域。根据弗若斯特沙利文（Frost & Sullivan）的资料，按 2023 年的平均月活跃用户（MAU）数目计量，群核科技排名全球第一，月活访客数达到了 8 630 万；同时，群核科技也是中国最大的空间设计软件提供商，按 2023 年的收入计量，一举超过了知名的美国品牌，成为全球最大的空间设计平台，约占 22.2% 的市场份额。④ 通过对用户数据的深入分析和挖掘，群核

① 杭州市人大常委会法工委：《杭州市优化营商环境条例》，杭州人大网，2023 年 4 月 21 日，https：//www.hzrd.gov.cn/art/2023/4/21/art_1229690462_18221.html。详见本书"附录一"。
② 敖煜华、沈国军、张瑾：《"2024 中国民营企业 500 强"榜单发布：杭州上榜企业数量连续 22 年蝉联全国城市第一》，《杭州日报》2024 年 10 月 13 日，第 A01 版，https：//hzdaily.hangzhou.com.cn/hzrb/2024/10/13/article_detail_1_20241013A017.html。
③ 数尔摩斯：《2023 中国开放数林指数发布》，复旦 DMG，2023 年 11 月 1 日，https：//mp.weixin.qq.com/s/8UDwfKhkorWxJvYtvJM76Q。
④ 陆易斯：《杭州"六小龙"之一群核科技 IPO 启航，精彩神话或还将演绎》，数据猿，2025 年 2 月 18 日，https：//mp.weixin.qq.com/s/1n4jIHIMUcvogwz7b8o6tw。

科技还将不断推出符合市场需求的新功能和新产品，进一步巩固其在行业内的领先地位。

市场经营主体的发展，既是其自身创新能力的体现，也是城市营商环境的鲜活例证。城市开放的公共数据政策，势必会产生积极的外溢效应，为企业创新注入可贵的开放精神；高效的政务服务和完善的知识产权保护体系，亦能为企业发展提供坚实的制度保障。这样的营商环境有利于企业专注于技术创新和产品研发，在开放竞争中快速发展并壮大。

社会资本：创新文化裂变场

杭州的创新叙事，不可忽视"社会资本"这股无形的力量。社会资本是指个体或群体通过社会网络、规范和信任等社会结构获得的资源和优势，反映的是长久以来形成的根深蒂固的文化价值。从这个定义出发，无论是扎根于杭州地域文化的"杭铁头"精神，还是与这种地域文化基因相辅相成的"耐心资本"，都是社会资本的重要构成，共同为城市创新发展注入动力。其不仅在精神层面塑造了独特的创新文化，也在经济层面为企业提供了坚实支撑，推动城市在创新道路上不断前行。

"杭铁头"精神的务实底色

作为一种文化价值意义上的社会资本，"杭铁头"精神深深扎根于杭州地域文化之中，以其坚韧不拔、求真务实的特质，为杭州的创业者们带来强大的精神动力。当元宇宙概念如浪潮般席卷而来，众多企业纷纷投身其中，陷入狂热追逐时，杭州的创业者们却凭借"杭铁头"精神，保持着难得的理性与冷静。2022 年，在元宇宙的热潮中，杭州的 AR/VR 企业存活率远超全国平均水平，成为杭州创业理性的有力证明。

因蛇年春晚舞台上机器人跳秧歌而被人熟知的宇树科技，就是"杭铁头"精神的典型代表。这家专注于机器人研发的企业，始终坚守着对技术落地的执着追求。自 2016 年成立至今，宇树科技专注于高性能通用足式机器人和人形机器人的研发，不断突破技术壁垒。面对复杂的技术难题和激烈的市场竞争，宇树科技没有退缩，而是选择了迎难而上，持续加大研发投入，优化产品性能。不畏艰难、勇于探索，正是"杭铁头"精神在科技研发领域的具体实践。

如今的宇树科技，已拥有完整的机器人产品线，涵盖消费级、行业级高性能通用足式和人形机器人及灵巧机械臂等多个领域。其产品广泛应用于农业、工业、安防巡检、勘测探索、公共救援、警用排爆侦测、医疗防疫陪护等多个关键行业场景，积极推动各行业的智能化发展。

在人形机器人领域，宇树科技也凭借其先进的技术和高性价比的产品，迅速赢得了市场份额，成为众多企业和科研机构的首选品牌。高工机器人产业研究所（GGII）发布的《2024 年中国四足机器人行业发展报告》显示，2023 年全球四足机器人市场销量约 3.40 万台，同比增长 76.86%；市场规模10.74 亿元，同比增长 42.95%。其中，宇树科技占据了 2023 年全球四足机器人 69.75% 的销量份额。[①]

作为杭州地域文化的核心，"杭铁头"精神在制度层面也得到了充分的体现。艺创小镇对游戏科学《黑神话：悟空》研发团队的支持，便是一个生动的案例。艺创小镇为《黑神话：悟空》研发团队保留了两栋办公楼的三年空置期，其间多次婉拒工作室和企业加盟——这看似简单，实则蕴含着深刻的

---

① 秦盛：《宇树科技机器狗走红：吉华集团三连板，十余家上市公司密集回应业务合作》，澎湃新闻，2024 年 12 月 26 日，https://www.thepaper.cn/newsDetail_forward_29762782。

制度内涵。从本质上讲，在这背后是针对"研发静默期"政策的具体实施。租金补贴、版号申报绿色通道等非对称扶持措施，为游戏科学团队创造了一个专注于技术突破的环境，使其免受生存压力的干扰。在这三年里，团队能够全身心地投入游戏的研发，专注于技术创新和艺术打磨。

游戏科学等"杭州六小龙"的故事证明，这种"政策耐心"所带来的效果是显著的。当好耐心的"陪跑者"，包容十年不鸣，静待一鸣惊人——杭州通过将"杭铁头"精神具象化为实际的政策制度，为企业提供了稳定的发展环境和长期的支持，使之能够在面对技术难题和市场挑战时，保持坚韧不拔的精神，持续进行技术创新和产品研发，从而提高了企业的存活率和竞争力，推动了杭州硬科技产业的蓬勃发展。

耐心资本为创业深度赋能

坚韧不拔的"杭铁头"精神，反映在政策制定者和实施者身上就体现为"政策耐心"，投射在经济资本领域就有了对应的"资本耐心"。如果将民间资本作为一个城市的名片，杭州手里肯定有很亮的那一张。杭州民间资本活跃，拥有华睿投资、普华资本等成立较早的本土投资机构。这得益于杭州在资本导向上的前瞻性——大力支持互联网及数字经济，推动产业基金和扶持措施，让科技企业更易获得早期资金。相比之下，一些城市的资本市场更倾向于支持传统产业和大型企业，互联网和数字企业的成长环境欠佳。

所谓耐心资本，其特质在于长期主义。与传统资本追求短期回报不同，它能够承受 5 年、10 年甚至更长的投资周期，容忍技术研发的高失败率，并通过资源整合、战略协同为企业构建护城河。[①] 杭州构建起陪跑模式科创基

① 何琨玫：《耐心资本如何成就杭州"六小龙"？》，中国经济网，2025 年 2 月 17 日，http：// views. ce. cn/view/ent/202502/17/t20250217 _ 39293087. shtml。

金，聚焦"投早投小投科创"，创新基金则聚焦"投强投大投产业"，这两大千亿基金批复总规模已超 1 850 亿元，撬动社会资本约 1 350 亿元，累计投资金额 725 亿元。[①]

从"输血"到"造血"，耐心资本为科技创新生态赋能。耐心资本的价值绝非仅限于资金支持，更在于其对科技企业技术创新的深度护航。在杭州"六小龙"的创新实践中，耐心资本的作用已升维为"生态构建者"，通过链接高校科研资源、产业孵化平台、市场应用场景，形成"技术—资本—产业"的创新发展闭环。比如，深度求索公司开发 DeepSeek-V3 大模型，就是得益于这种生态赋能：资本不仅提供资金，还帮助导入算法优化经验、算力资源与商业合作网络，大幅降低创新试错成本。[②]

由此可见，耐心资本的长期支持体现在多个层面。首先，通过精准的投资布局，为科技企业提供从研发到商业化的全方位资金支持。这种支持不是短期的投机行为，而是基于对企业长期价值的认可，愿意陪伴企业度过技术攻关的艰难时期。其次，在具体赋能方面，耐心资本更是发挥了不可替代的作用。相关资本机构往往拥有丰富的行业经验和资源网络，能够为企业引入先进的技术和管理经验，帮助企业突破技术瓶颈。例如，在机器人、人工智能等前沿科技领域，耐心资本机构通过与高校、科研机构的深度合作，为科技企业持续提供技术创新动力。此外，耐心资本还注重构建良好的创新生态，通过链接高校科研资源、产业孵化平台、市场应用场景等，形成了"技术—资本—产业"的创新发展闭环。这种闭环机制促进了技术成果快速转化，并为科技企业提供了广阔的市场空间。

细节之处见真章，深度参与和赋能正是耐心资本模式的独特魅力所在。

① 谷川联行：《聚焦科创，万亿级城市圈重点，小城借势招商》，谷川联行官网，2025 年 3 月 11 日，https：//www.tanikawa.com/news/observation/2023.html。

② 何琨玟：《耐心资本如何成就杭州"六小龙"？》，中国经济网，2025 年 2 月 17 日，http：//views.ce.cn/view/ent/202502/17/t20250217_39293087.shtml。

耐心资本的深度赋能体现在资金支持、技术引入、创新生态构建等多个层面，这种赋能机制不仅为科技企业提供了坚实的保障，也为城市创新发展注入源源不断的动能。同时，杭州还完善了国资创投基金绩效考核制度，探索尽职免责机制。一方面，在国资考核中区分战略投资与财务投资；另一方面，不以单一项目亏损或未达到考核标准作为负面评价依据，适度放宽投资容亏率，从而破除"国资不敢投"的体制束缚，推动国资创投基金"算大账""算长远账"。

创业精神与资本"双向奔赴"

在社会资本的催化下，创新成为一种文化，正在迅速裂变。从数据上看，科技创新的成效愈发可观。近年来，杭州打造了全市域、全要素、全周期的线上线下孵化体系，拥有国家级科创企业孵化器 65 家，连续 12 年居全国省会城市第一。截至 2023 年底，杭州拥有国家高新技术企业超 1.5 万家，总量持续保持在全国城市第 5 位。2024 年，全市新认定国家高新技术企业达 2 500 家以上。据杭州市科技局统计，2024 年 1—11 月，全市技术交易额达到 1 249 亿元，居浙江省第一；杭州市高新技术产业增加值达到 2 882 亿元，占规上工业比重 72.33%，创历年新高。[①]

在杭州，如果说"杭铁头"精神贯穿于企业发展始终，激励着创业者们在面对困难和挑战时不屈不挠、勇往直前，使企业在市场竞争中保持着顽强的生命力，那么，耐心资本的存在则为企业提供了稳定资金支持和长期发展保障，让企业得以在技术研发、市场拓展等方面进行持续投入。特别是科技

---

① 傅凌波、胡珂：《强化企业创新主体　加速培育未来产业：杭州多举措推动科技企业高质量发展》，《杭州日报》2024 年 12 月 26 日，第 A01 版，https://hzdaily.hangzhou.com.cn/hzrb/2024/12/26/article_detail_1_20241226A015.html。

企业在创业初期往往面临技术研发难度大、市场认可度低等诸多困难，一方面，创业者们凭借着"杭铁头"精神（其背后是创业精神和企业家才能）坚持不懈地进行技术创新和产品优化；另一方面，耐心资本的注入让企业有足够资金来支持研发工作，不断改进产品性能。科技企业从在市场上崭露头角，到实现后续可持续发展，都离不开这两方面的"双向奔赴"。

随着科学技术日趋硬核发展，社会资本在杭州创新生态中扮演着越来越至关重要的角色。"杭铁头"精神的务实底色和耐心资本的深度赋能，共同为硬科技企业的发展提供坚实的保障。而这些企业的持续耕耘，不仅为杭州经济高质量发展作出了重要贡献，也为其他地区的创新发展提供了宝贵的经验与启示。

延伸阅读·全国视角[①]

发展新经济、培育新动能，是实现高质量发展的必由之路。对城市而言，在新旧动能转换和新经济发展的重要阶段，需要及时创新城市治理体系。在新经济背景下创新城市治理体系，需要树立以社会各界诉求为中心的城市治理新观念，构建以共建、共治、共享为核心的基层城市治理新格局，实施精细化城市治理新举措。

当前，中国正加快构建以国内大循环为主体、国内国际双循环相互促进的新发展格局。一方面，要加快发展新经济、培育新动能，以创新驱动引领高质量发展；另一方面，要以推进国家治理体系和治理能力现代化为中心，深化各领域各方面体制机制改革，以信息化、数字化和智能化为助力，创新经济治理路径，引领城市能级提升。

---

① 朱克力：《以城市高效能治理赋能新发展格局》，《中国国情国力》2021年第2期，第23—24页。

发展区域新动能，构建城市治理新格局

在中国经济运行过程中，新旧动能转换和新动能培育正在对生产生活以及社会发展方式产生深刻影响。实体经济与科技深度融合，推动经济进入高质量发展阶段。发展新经济、培育新动能，是实现高质量发展的必由之路。进入新世纪以来，中国城镇化进程日益加快，在推进国家治理体系和治理能力现代化的过程中，城市治理体系建设更是至关重要。

发展新经济，提升城市治理效能。中国经济进入中高速增长和高质量发展的新阶段，经济重心转向提高发展质量和增加发展效益。新经济态势下的产业、模式及技术形成速度较快，并对加快转变发展方式、优化经济结构、转换增长动力提出更紧迫的要求。对城市而言，在新旧动能转换和新经济发展的重要阶段，需要及时创新城市治理体系。而如何抓住时机采取有效措施，在发展新经济的同时促进城市治理新格局的形成，成为一个具有重大价值和现实意义的课题。

面对深层次体制机制改革问题，城市尤其是超大型城市，如何因势利导，推动和完成发展动力转换，将重心从要素驱动转向创新驱动，是城市治理的重中之重。从根本上讲，要提高全要素生产率，推动质量变革、效率变革和动力变革。具体而言，要通过深化产权制度改革，强化知识产权创造、保护和运用，加大科技创新的产权激励力度；加快要素市场改革，促进市场化价格形成机制落地；进一步放宽市场准入，创造各类企业平等竞争的环境。尤其需要吸收借鉴新经济、新治理方面的新思维、新做法，不断开放和共享公共资源，有效汇集和整合社会资源，为各类市场主体提供一条畅达的创业大道，促进新动能培育和高质量发展。

发展新动能，打造新经济增长极和发展新气象。全球化与世界级城市研究小组与网络（GaWC）发布的《世界城市名册》报告，对城市金融、创新方面的表现进行了分档排名。其中，上海、北京、中国香港成为全球一档二线城市，广州和深圳被列入一档城市，成都、杭州和重庆等 15 个城市排在了全球二档城市中。以成渝地区双城经济圈建设的主力城市成都为例，近年来，该市全面践行新发展理念，旗帜鲜明地提出打造最适宜新经济发展的环境，在全国率先成立负责新经济发展工作的新经济发展委员会，切实解决现行的行政管理体制、政府部门职责体系、制度创新供给与发展新经济不相适应的问题，推动新经济在全国率先起势，从创新走向应用，从概念走向实践，颠覆了以往政策制定的惯性和姿态。

创新城市治理体系，深入探索新经济发展路径

现代化城市的治理，从根本上讲是要提高全要素配置效率，为新产业、新业态和新模式的健康发展提供新场景、新平台和新机制，让城市运行更加高效，激励各类市场主体加入新时代经济建设，积极主动地完成协同创造。在此过程中，应着重关注城市治理的效能问题。因此，要着眼于强化创新驱动力，尤其应当关注前沿新兴领域的发展需求。这不仅涉及经济部门，而且需要包括城市治理在内的所有环节相关方的共同参与。为此，围绕新经济背景下如何创新城市治理体系，笔者提出三点建议。

① 树立以社会各界诉求为中心的城市治理新观念。社会各界的诉求是城市发展的基石，要以解决民生切实问题为导向，倾听民众心声，把解决问题的办法落实到实用和受用上，把握公共服务的着力点，通过正在兴起的人工智能等新一代信息技术手段，提高服务水平，完善服务设施。

大力弘扬企业家精神，通过市场化改革，释放人力、技术等新要素资源红利，以创新驱动为核心，打开资源流通大门，建立稳健的城市治理体系。

在发挥好市场对资源配置的决定性作用的同时，也要发挥好政府在城市治理和公共服务方面的主导作用，探索经济高质量发展路径，转而促进城市的高效能治理。

② 构建以共建、共治、共享为核心的基层城市治理新格局。共建、共治需要完善基层治理体系，政府有什么样的举措，要让人民群众在第一时间知道，同时要保证群众能够畅通、规范地表达诉求，极大地保障群众利益。而共享的要义，在于能够有效激发经济活力。可以通过培育新型产业、加快传统产业升级等举措推动企业发展，创建共享平台，打造平台经济，鼓励企业参与到全球的价值链分工体系中，为提升其在全球价值链的区位创造更有利的条件。

加快城镇群、城市群和大型都市圈的建设。近些年来，中国经济发展主要的动力往往来自大型城市群，产业发展、创新也均集聚于此。未来，城市群的发展对城市间通道、通信设施、交通枢纽和公共服务设施等方面的建设都会产生较大需求，潜力巨大。

③ 实施以精细化为目标的城市治理新举措。推动社会治理精细化，是对创新社会治理提出的新要求。城市工作对经济社会的发展具有重要意义，要做好城市工作，精细化的治理体系是必要条件。创新的道路要脚踏实地，要走稳走实。具体到城市治理上面，要充分利用大数据、互联网、5G、人工智能和区块链等现代信息技术手段，以数据驱动治理模式创新，搭建多方共同治理平台，从对企业进行扶持和鼓励等传统治理观念转向开创机会共享的新型城市环境等新治理思维，从根本上改变

产业和城市之间、产业和人力资本之间信息不对称的局面，全面提升城市治理能力和治理现代化水平。例如，近年来成都市通过持续发布"城市机会清单"等一系列举措，在新经济新治理方面进行了有益探索。

创新城市治理体系，需要从政策、方法和手段等多方面进行创新，从问题、需求和效果等多角度进行探索，关键在于抓住新经济发展的机遇，抓住城市发展的痛点，勇于探索与实践，打造发展、改革、创新的新局面。

第二章
制度创新的破局思维

　　创新已成为推动地区发展的核心驱动力，而制度创新则是激发创新活力、培育创新生态的关键所在。一个地区若能在制度层面实现突破，便能为科技创新、产业升级等提供坚实的保障和广阔的空间。杭州之所以被誉为"创新之都"，核心原因是其在制度创新方面进行了一系列大胆且富有成效的探索，这些经验和模式为其他地区提供了宝贵的借鉴。

　　杭州以其独特的制度创新破局思维，在制度实验、政策制定以及企业创新实践等多个维度协同发力，营造出一片充满生机与活力的创新雨林。从政策红利的精准释放，到制度实验的先行先试，再到企业在市场准入等关键环节的破冰，杭州正逐步构建起一套完善的创新制度体系。

　　在这片创新的沃土上，制度的实验田不断孕育新的模式和机制，推动着行业的变革与发展；政策的阳光普照大地，为企业的成长提供充足的养分；企业则在政策的支持和制度的保障下，积极探索创新路径，实现技术与市场的深度融合。

数智创变：产业生态与场景变革

数字经济正以前所未有的速度和规模改变着全球经济格局。作为互联网高地，杭州数字经济的蓬勃发展，离不开其赖以生长的土壤基因。这些基因如同数字经济的底层代码，决定其发展的方向和潜力。产业基因是数字经济发展的基础，决定着数字经济产业的构成和发展模式。从早期的互联网企业崛起，到如今智能物联等五大生态圈的形成，产业基因在杭州不断进化和拓展，为数字经济创新发展提供源源不断的动力。

新世纪杭州民营经济三次浪潮

民营企业是数字经济等新经济形态的重要拓荒者。杭州民营经济发达，民营经济占比超80%，连续22年蝉联中国民企500强榜首。"六小龙"都是民企，决策灵活，创新活力足，充满企业家精神。新世纪以来，杭州民营经济的发展经历了三次具有代表性的浪潮。每一次浪潮都展现出独特的发展模式和创新路径，对浙江乃至全国经济格局产生了深远影响。

第一次浪潮（2000—2010年）：互联网经济异军突起。以阿里巴巴为代表的互联网企业借助电商平台掀起了一场影响广泛的商业革命，彻底重构了商业基础设施。在自身迅猛发展的过程中，阿里培育出数量高达 10 万级别的数字经济人才。这些人才凭借在阿里积累的先进技术和丰富经验，流向各类创业公司，构建起"大厂技术中台—创业公司垂直场景"的知识传播通道。例如，众多从阿里离职的技术人员运用大数据、云计算等技术，在电商服务、物流配送等垂直领域创办创业公司，与阿里协同合作，共同推动杭州数字经济发展。与此同时，网易等互联网企业也在这一时期崭露头角，不断拓展业务版图，丰富了杭州互联网产业生态，拉开了互联网经济繁荣发展的大幕。

第二次浪潮（2011—2019 年）：安防龙头强势崛起。2011 年成立的宇视科技，与已在安防领域深耕的海康威视、大华股份共同构成全球安防龙头"海大宇"。在此期间，它们依托杭州的产业环境与技术积累，不断发展壮大。尤其是在智能安防技术研发、产品创新及市场拓展等方面取得显著进展，推动杭州安防产业迈向新高度，在全球安防市场占据重要地位，成为民营经济发展的新亮点。也正因为杭州集聚了海康威视、大华等智能传感企业，在下一次浪潮中成为"杭州六小龙"之一的宇树科技才得以实现其自研电机驱动器可连续在萧山电机产业集群完成打样的目标；而作为第一次浪潮代表的阿里巴巴，其旗下产品云工业大脑为宇树科技提供云端训练场，促使机器狗运动算法迭代效率提升。

第三次浪潮（2020—2025 年）："硬核创新"崭露头角。以"杭州六小龙"为代表，相关企业聚焦机器人、人工智能、游戏开发、脑机接口等前沿领域，积极探索创新。在机器人领域，研发出高性能的智能机器人，广泛应用于工业生产、物流配送等场景，大幅提升生产效率与物流自动化水平。在人工智能方面，通过算法优化与模型创新，为图像识别、自然语言处理等应用提供强大技术支撑，赋能智能安防、智慧医疗等产业。在游戏开发方面，不断推陈出新，利用先进引擎技术打造沉浸式游戏体验，融合虚拟现实、增强现实等技术，开拓游戏产业新方向。在脑机接口领域，则致力于突破关键技术，探索其在医疗康复、人机交互等方面的应用，为人类健康与生活方式变革带来新可能。"杭州六小龙"凭借独特的技术优势与商业模式，为民营经济发展注入全新活力，成为推动经济持续创新发展的重要新生力量。

这三次浪潮都与创新生态息息相关。以宇树科技为例，其在杭州高新区（滨江）物联网产业园 30 公里半径内，可以完成从 PCB（印制线路板）设计到整机组装的完整供应链整合，这种高度集聚的供应链模式使之能够快速实现零部件迭代。在这个区域内，众多上下游企业相互协作，形成了一个高效的产业生态系统。企业之间能够快速共享信息、协同研发，大大缩短了产品的研发周期和生产周期，提升了整个产业的竞争力。

构建智能物联等五大生态圈

2022 年，杭州提出打造智能物联、生物医药、高端装备、新材料和绿色能源五大产业生态圈①，扎实推动产业集群建设。杭州打造五大产业生态圈，是基于自身产业基础、科技实力和市场需求的战略选择。在全球产业竞争日益激烈的背景下，构建产业生态圈成为提升城市产业竞争力的关键举措。

智能物联产业作为人工智能和物联网技术深度融合应用的新兴产业，包含集成电路、视觉智能、高端软件和人工智能、云计算大数据、网络通信、智能仪表等 6 条产业链。截至 2023 年底，杭州市智能物联产业总体规模达 8 435.3 亿元，拥有规上企业 1 206 家、上市企业 90 家、国家制造业单项冠军示范企业 5 家、国家级专精特新"小巨人"企业 76 家。杭州在智能物联领域

---

① 中共杭州市委办公厅、杭州市人民政府办公厅：《关于促进智能物联产业高质量发展的若干意见》，杭州市人民政府，2022 年 7 月 29 日，https：//www.hangzhou.gov.cn/art/2022/9/1/art_1345197_59064580.html。详见本书"附录二"。

的发展，得益于其在数字技术、人工智能等方面的技术积累，以及完善的产业配套体系。例如，杭州拥有众多知名的互联网企业和科技公司，它们在云计算、大数据、人工智能等领域的技术研发和应用，能为智能物联产业的发展提供强大的技术支持。

生物医药产业是杭州重点培育的战略性新兴产业之一。杭州拥有良好的科研基础和创新环境，集聚一批高水平的科研机构和高校，如浙江大学医学院、中国科学院基础医学与肿瘤研究所等。这些科研力量为生物医药产业的发展提供源源不断的创新动力。同时，杭州还出台一系列支持政策，吸引众多生物医药企业入驻。截至 2023 年，杭州生物医药产业生态圈规模不断扩大，已形成从药物研发、生产到销售的完整产业链。

高端装备产业是国家战略性新兴产业，而杭州在该领域拥有较好的产业基础。2022 年，杭州高端装备产业生态圈拥有规上制造企业 1 867 家，实现工业总产值超 6 300 亿元。杭州的高端装备产业涵盖智能装备、综合交通装备、新能源装备等多个领域。在智能装备领域，杭州重点支持机器人、增材制造、数控机床产业等；在综合交通装备领域，重点支持轨道交通、航空航天产业等。杭州还鼓励企业开展技术创新、加强整零配套和深化场景应用，推动高端装备产业向智能化、高端化方向发展。

新材料产业是其他新兴产业的重要基础，也是提升传统产业技术能级的关键。2022 年，杭州新材料产业生态圈工业总产值超 1 500 亿元。杭州出台的新材料政策，明确重点支持膜材料、高性能金属材料、先进半导体材料、生物材料、微纳材料等领域。通过支持企业开展技术创新、加强产学研合作等方式，杭州致力于建设国内外有重要影响力的新材料研发和制造高地。

绿色能源产业则是杭州积极响应国家"双碳"战略的重要举措。杭州计划到 2025 年，绿色能源产业生态圈规上工业总产值突破 3 000 亿元。杭州重点支持储能、氢能装备、光伏、风电装备、新兴能源、节能环保等领域的发展。例如，在储能领域，杭州支持企业研发和生产高性能储能设备，推动储能技术的应用和发展；在氢能装备领域，鼓励企业开展氢燃料电池技术研发和产业化工作，促进氢能产业的发展。

产业生态圈与数字经济融合发展

产业生态圈与数字经济之间存在着相互促进、协同发展的紧密关系。数字技术在产业生态圈中的广泛应用，能够推动产业的数字化转型和升级。

在智能物联等五大产业生态圈中，数字技术是核心驱动力。集成电路作为智能物联的基础，其设计和制造过程高度依赖数字技术。通过使用数字化设计工具和先进的制造工艺，能够提高集成电路的性能和集成度。在视觉智能领域，利用人工智能算法和大数据分析，能够实现图像和视频的智能识别和分析，并将其广泛应用于安防、交通、医疗等领域。高端软件和人工智能的融合，可为各行业提供智能化的解决方案，如智能工厂中的自动化控制系统、智能物流中的智能调度系统等。云计算大数据技术则为智能物联设备提供强大的数据存储和处理能力，实现数据的实时分析和应用。

在生物医药产业生态圈中，数字技术也发挥着重要作用。在药物研发环节，利用大数据和人工智能技术，可以对海量的生物数据进行分析，筛选出潜在的药物靶点，加速药物研发进程。在临床试验阶段，数字化技术能够实现对试验数据的实时监测和管理，提高试验效率和准确性。在医疗服务领域，远程医疗、智能诊断等应用借助数字技术打破地域限制，能够提高医疗服务的可及性和质量。

高端装备产业通过数字化转型，实现智能化生产和管理。智能装备利用数字技术实现自动化控制和故障预测，提高生产效率和设备可靠性。在新能源汽车领域，数字技术应用于车辆的智能驾驶系统、电池管理系统等，提升车辆的性能和安全性。通过工业互联网平台，设备之间实现互联互通和数据共享，优化生产流程，提高生产效率。

新材料产业借助数字技术，实现材料研发的创新和优化。通过模拟计算和数据分析，可以预测材料的性能和结构，指导新材料的研发。在材料生产过程中，利用数字化控制系统，能够实现对生产过程的精准控制，提高产品质量和生产效率。

绿色能源产业利用数字技术，实现能源的高效管理和利用。在智能电网中，通过数字化技术能够实现对电网的实时监测和调度，提高能源利用效率，降低能源损耗。在分布式能源系统中，利用物联网技术可以实现对分散能源的整合和智能调度，推动可再生能源的发展。

产业生态圈也能为数字经济提供广阔的发展空间和丰富的应用场景。产业生态圈中的企业和产业活动，会产生大量的数据，这些数据能为数字经济的发展提供重要的资源。通过对这些数据的分析和应用，可以实现精准营销、智能生产、供应链优化等，为企业创造更大的价值。产业生态圈中的企业合作和创新活动，也将促进数字技术的创新和应用，推动数字经济的发展。

场景革命则为数字经济提供广阔的应用空间。在日常生活中，数字技术已渗透到出行、购物、社交等各个方面，改变着人们的生活方式。在企业生产和政府治理领域，数字技术同样发挥着关键作用，推动生产效率的提升和治理模式的创新。丰富的应用场景能够促进数字技术的迭代升级，也会为数字经济的发展创造更多的商业机会。

数据驱动是数字经济的核心特征之一。在数字经济时代，数据成为新的生产要素，如同石油和电力一样，驱动着经济的运转。通过对海量数据的收集、分析和应用，企业能够实现精准营销、智能生产和高效管理，政府能够提升公共服务水平和社会治理能力。数据驱动的发展模式，使得数字经济具备更强的创新能力和竞争力。

值得一提的是，为加快培育发展未来产业，杭州市政府于 2024 年 12 月 30 日印发《杭州市未来产业培育行动计划（2025—2026 年）》①，提出要发挥杭州数字经济产业优势，围绕五大产业生态圈建设，优先推动通用人工智能（AGI）、低空经济、人形机器人、类脑智能、合成生物等五大风口潜力产业快速成长，积极谋划布局前沿领域产业。

向新而行："三个 15%"注入动能

创新，杭州是认真的。这座城市持续向"新"而行，连续三年位居全球科技集群第 14 位，在国家创新型城市中创新能力排名全国第 4 位，连续 14 年入选"外籍人才眼中最具吸引力的中国城市"，高新技术企业拥有量居全国省会城市第一。② 在延续原有政策的基础上，进入 2025 年，杭州集成推出"三个 15%"的科技投入政策，也就是：市财政科技投入年均增长要达到 15% 以上；市本级每年新增财力的 15% 以上用于科技投入；统筹现有产业政策资金的 15% 集中投向培育发展新质生产力。③

解锁"三个 15%"内涵

"三个 15%"的科技投入政策，是杭州为推动科技创新、布局未来发展

---

① 杭州市人民政府：《杭州市未来产业培育行动计划（2025—2026 年）》，杭州市人民政府，2024 年 12 月 30 日，https：//www. hangzhou. gov. cn/art/2024/12/31/art _ 1229063381 _ 1848532. html。详见本书"附录三"。

② 傅凌波、毛郅昊：《杭州连续 14 年入选"外籍人才眼中最具吸引力的中国城市"》，《杭州日报》2024 年 10 月 4 日，第 A01 版，https：//hzdaily. hangzhou. com. cn/hzrb/2024/10/04/article _ detail _ 1 _ 20241004A011. html。

③ 柳宁馨：《"杭州效应"背后：以科创拓展城市经济的宽度》，21 世纪经济报道，2025 年 3 月 21 日，https：//m. 21jingji. com/article/20250321/herald/9a78eedc4fa2f85862914c5e4dcd713 _ zaker. html。

而精心打造的一项关键举措。其核心在于构建政府、企业、社会资本三方协同的科技投入体系，通过明确各自的投入比例及责任，为科技研发提供持续且充足的资金动力。

第一个15%：市财政科技投入年均增长要达到15%以上。杭州计划逐年增加对科技的资金投入，确保每年增长至少15%。这样做的好处是，随着杭州财政收入的增长，投入科技领域的钱也会越来越多。这不仅有助于帮助创业人才和初创企业成长，还能更大程度地支持企业的创新研发。

第二个15%：市本级每年新增财力的15%以上要用于科技投入。简单来说，就是杭州每年新增的钱里，至少要有15%用来支持科技研发。比如，如果杭州2024年新增财政收入23.49亿元，那么大约3.5亿元会专门用于科技创新领域。

第三个15%：现有产业政策资金当中的15%集中投向培育发展新质生产力。到2025年，杭州的产业政策资金总规模将达到502亿元，其中15%（约75亿元）将专门用于投向通用人工智能、人形机器人、低空经济、生命科技等前沿产业。①

在这一机制中，政府主要发挥引领与保障作用。市财政科技投入年均增长需达到15%以上，意味着政府在科技领域的资金支持将保持稳定且强劲的增长态势。政府资金的投入方向具有明确的导向性，重点聚焦于基础研究、前沿技术研发以及公共科技服务平台建设等关键领域。基础研究是科技创新的源头，政府对其加大投入，能够为整个科技体系的发展奠定坚实的理论基础；前沿技术研发关乎杭州在全球科技竞争中的地位，政府的资金支持有助于推动杭州在人工智能、量子计算、生物技术等前沿领域取得突破；公共科技服务平台的建设则能够为广大企业和科研机构提供共享的科研设施、数据

---

① 财智魔方：《深圳与杭州创新密码！揭秘"六个90%""三个15%"》，百度百家，2025年3月1日，https://baijiahao.baidu.com/s? id=1825383518453609382。

资源以及技术服务，降低创新成本，提高创新效率。

　　企业作为创新的主体，在"三个15%"机制中也承担着重要的责任，其科技投入需达到一定的比例。这是企业自身发展的内在需求，也是推动整个产业创新升级的关键力量。企业加大科技投入，能够提升自身的技术创新能力，开发出更具竞争力的产品和服务，从而在市场竞争中占据优势地位。同时，企业的创新成果也能够带动整个产业链的发展，促进产业结构的优化升级。例如，在杭州的数字经济领域，阿里巴巴、网易等企业不断加大在云计算、大数据、人工智能等方面的科技投入，推动自身业务的快速发展，还带动一大批上下游企业的创新发展，形成完整的数字经济产业链。

　　社会资本的参与则为科技投入注入新的活力，其投入规模和方式也在"三个15%"机制中得到明确和引导。社会资本具有敏锐的市场洞察力和灵活的投资策略，能够为科技企业提供多元化的资金支持。风险投资、私募股权投资等社会资本形式，能够为处于不同发展阶段的科技企业提供资金支持，帮助企业实现技术突破和业务拓展。同时，社会资本的参与还能够引入市场机制和创新理念，促进科技企业的市场化运作和创新发展。例如，杭州的一些科技企业在发展初期，通过获得风险投资的支持，得以迅速扩大研发团队、提升技术水平，进而实现快速发展。

裂变将至：创新活力爆发

　　"三个15%"科技投入机制作为一项集成式政策创新，是杭州长期以来一以贯之地重视科技创新的进一步体现。近年来，"杭州六小龙"涌现，科技创新的活力如火山喷发一般爆发，呈现出蓬勃发展态势，各项科技创新成果指标实现显著增长，这正是以实际机制支撑创新驱动的必然结果。

　　通过"三个15%"科技投入政策的有效实施，杭州有望实现多方面的创新进展。首先，从专利来看，专利申请数量将呈现更快增长的趋势。可以预见的是，在该机制实施后的几年内，专利申请量的年均增长率会有明显提升，发明专利申请量的增长尤为显著。这些专利将涵盖人工智能、生物医药、新能源、新材料等多个领域，充分体现科技创新方面的多元化和广泛性。例如，在人工智能领域，企业和科研机构在自然语言处理、计算机视觉、机器学习等关键技术方面将取得众多专利成果，为该领域的发展提供坚实的技术支撑。

其次，科技成果转化数量也将不断攀升，越来越多的科研成果从实验室走向市场，实现产业化应用，为经济发展注入新的动力。以生物医药产业为例，在"三个15%"机制的支持下，该产业的科技成果转化数量有望大幅增加，一批具有自主知识产权的创新药物和医疗器械即将成功上市，满足国内市场的需求，还会在国际市场上崭露头角。同时，科技成果转化效率也将得到显著提高，科研成果从产生到实现产业化应用的周期会明显缩短，进一步促进科技与经济的深度融合。

除了专利申请量和科技成果转化数量的增长，科研论文发表、高新技术企业培育等方面也将取得显著成效。在科研论文发表方面，科研人员在国际顶尖学术期刊上发表的论文数量将逐年增加，论文质量和影响力也会不断提升。在高新技术企业培育方面，杭州高新技术企业数量将持续增长，企业创新能力和市场竞争力也会不断增强。这些高新技术企业在各自领域发挥着引领作用，将进一步推动整个产业的创新发展。

风险共担："安心宝"呵护硬科技

随着"兆丰机电浙大科创中心安心宝专户"在萧山农商银行开通，杭州萧山区首个"安心宝"账户正式落地。① 作为第三方监管账户，该账户将用于浙江兆丰机电股份有限公司与浙江大学杭州国际科创中心首个合作项目的风险保障。这一合作项目的立项金额达 1 000 万元，但企业仅需向监管账户支付 50 万元保证金即可启动产学研合作，可谓"小投入撬动大创新"。而这一模式得以顺利运行，正是得益于"安心宝"制度的创新设计。

"安心宝"制度设计解析

"安心宝"是一项旨在促进科技创新与产业发展深度融合、化解硬科技企业长周期风险的重要举措。该政策的核心在于构建一个完善的风险共担机制，通过政府、企业、金融机构和科研平台等多方协同合作，为硬科技企业的创新发展提供坚实的保障。

在风险池资金规模方面，以杭州萧山区为例，当地政府首期便拿出 1 亿元注入"科创风险池"，这笔资金规模庞大，为后续的产学研合作与科技成果转化项目提供有力的资金支持。出资方构成多元化，主要由政府财政资金牵头，这体现了政府在推动科技创新中的引导作用。政府通过真金白银的投入，向市场传递重视科技创新的强烈信号。同时，金融机构也积极参与其中，它们凭借专业的金融服务和资金优势，为风险池提供重要的资金补充。此外，部分企业也会根据自身情况，投入一定比例的资金，这体现了企业对自身创新发展的重视，也能够增强企业在项目中的参与感和责任感。

资金监管采用严格的第三方监管模式，确保资金的安全和合理使用。通常来说，信誉良好、专业能力强的银行或金融机构会被选作资金监管方。监

---

① 创新浙江：《萧山上线"安心宝"：科技版"支付宝"助力企业安心"产学研"》，杭州市科学技术局，2025 年 2 月 24 日，https://kj. hangzhou. gov. cn/art/2025/2/24/art_1228922128_58928045. html。

管方会根据政策规定和项目协议，对资金的流向、使用进度等进行严格监控。例如，在资金拨付环节，只有当项目达到预定的里程碑目标，并经过相关部门和企业的审核确认后，监管方才会按照约定将资金拨付给科创平台或企业，有效防止资金的挪用和滥用。

企业响应"安心宝"政策有着明确的条件和流程。企业需与区内科创平台开展产学研与成果转化合作，合作形式包括项目合作、技术转化、共建联合研究中心、联合实验室等。协议约定的总合作经费不低于 300 万元（不含归属于企业固定资产的设备购置费用），这一条件旨在确保合作项目具有一定的规模和质量，能够真正推动科技创新和产业升级。

在流程上，首先，企业提出技术需求，明确自身在研发过程中遇到的技术难题和期望达到的技术目标。然后，科创平台根据企业需求进行项目立项，制定详细的研发计划和预算方案。项目立项通过审核后，进入资金拨付环节。企业只需先支付 10% 的产学研合作经费，放到第三方监管的科创"安心宝"账户，待科创平台完成首个里程碑进度后，才将 10% 的合作经费连同尾款一并支付给科创平台。这种先研后付的模式，能够大大减轻企业在合作初期的资金压力，让企业更加从容地开展创新活动。同时，也能激励科创平台更加高效地开展研发工作，确保项目按时完成里程碑目标。

化解长周期风险的机制探秘

硬科技企业的长周期风险具有显著特征。研发周期长是硬科技企业面临的首要挑战，许多硬科技领域的创新，如半导体芯片研发、生物医药创新药研发等，往往需要数年甚至数十年的时间。在这个过程中，企业需要持续投入大量的资金，用于技术研发、设备购置、人才培养等方面。资金投入大也是硬科技企业的一个突出问题，以新能源汽车电池的研发为例，从基础研究到产品商业化，可能需要数十亿甚至上百亿元的资金投入。而且，硬科技企业的技术不确定性高，由于硬科技领域的技术创新往往处于前沿地带，技术发展方向难以准确预测，研发过程中可能会遇到各种技术难题和瓶颈，导致研发失败的风险较高。

"安心宝"政策针对这些风险，通过一系列创新机制来降低企业的创新成本和风险。先研后付机制是其中的关键一环，它打破了传统的先付费后研发的模式。在传统模式下，企业需要在项目开始前就支付大量的研发经费，这对资金实力有限的企业来说，无疑是巨大的负担。而"安心宝"政策的先研后付机制，让企业只需在项目启动时支付少量的保证金，待科创平台完成里程碑目标后再支付尾款。这使得企业在研发初期无需背负沉重的资金压力，能够将更多的资金用于其他关键环节，如市场拓展、人才激励等。同时，该机制也能降低企业因研发失败而遭受巨大经济损失的风险，因为如果科创平台未能完成里程碑目标，企业无需支付尾款，保证金也可根据情况进行处置，从而有效减少企业的损失。

风险补偿机制也是"安心宝"政策的重要组成部分。当企业和科创平台在合作过程中遭遇风险，导致项目失败或未能达到预期目标时，风险池资金将按照一定的比例对企业和科创平台进行补偿。这一机制能够为企业和科创平台提供兜底保障，增强他们开展创新活动的信心和勇气。例如，某企业与科创平台合作开展一项人工智能技术研发项目，由于未能攻克技术难题，项目最终失败。按照风险补偿机制，风险池资金对企业和科创平台在项目中的实际投入损失进行一定比例的补偿，减轻双方的经济压力，也让他们能够及时调整策略，重新投入新的研发项目中。

此外，"安心宝"政策还通过加强政策激励，鼓励企业和科创平台积极参与合作。对于采用"安心宝"制度与科创平台开展合作的企业，区财政将按照企业对该合作项目的实际合作经费投入，给予其每年不超过300万元的资助激励。这一激励措施能够进一步降低企业的创新成本，提高企业开展产学研合作的积极性。同时，政府还积极探索保贷联动机制，鼓励企业和科创平台在合作前自行选择由保险公司为其量身定制科创保险，区财政给予企业80%的保费补助，最高不超过50万元，还将为有需求的企业提供政策性融资担保贷款，支持企业利用科技贷款开展产学研合作与成果转化。这些措施从多个维度为企业和科创平台提供支持，有效化解硬科技企业的长周期风险。

案例剖析与成效前瞻

以兆丰机电与浙江大学杭州国际科创中心的合作为例，双方共建"智能创新研究院"，首个合作研究开发项目为"汽车线控转向系统开发"，立项金额达1 000万元。在"安心宝"政策的支持下，兆丰机电前期只需在"安心宝"账户中支付10%的合作经费。而1 000万元的项目，按照研发进度分出两个节点，各周期合作经费为500万元。其中，10%的合作经费为项目启动的保证金，也就是支付50万元，项目便可启动。若平台未完成里程碑目标，保证金不予退还，经主管部门审核后划付至科创平台。

"安心宝"政策对兆丰机电的发展起到关键作用。在资金方面，先研后付的模式让兆丰机电在合作初期无需承担巨大的资金压力，能够合理安排资金，保障企业的正常运营。同时，政策的资助激励和风险补偿机制，可以进一步降低企业的创新成本和风险，让企业能够更加专注于技术研发和市场拓展。在合作关系方面，"安心宝"政策促进兆丰机电与浙江大学杭州国际科创中心的紧密合作，双方优势互补，形成良好的创新生态，加速科技成果的转化和应用。

可以预见的是，在研发过程中，浙江大学杭州国际科创中心将充分发挥其科研优势，组织一批专业的科研团队，投入汽车线控转向系统的研发中。

团队经过努力，将成功攻克多个技术难题，按照预定计划完成项目的里程碑目标。兆丰机电在项目中也会积极参与，提供市场需求信息、生产制造经验等方面的支持，确保研发成果能够更好地实现产业化。

接下来，随着项目顺利推进，兆丰机电将按照约定支付合作经费的剩余尾款。通过这个项目，兆丰机电能够成功实现技术升级，使其汽车线控转向系统产品在市场上获得良好的反响，市场份额不断扩大。企业的技术创新能力也将得到显著提升，为其在汽车零部件领域的持续发展奠定坚实的基础。

不妨再换另一个场景。某生物医药企业与当地的科研机构合作开展一款创新药物的研发项目，该项目研发周期长、资金投入大，且面临较高的技术不确定性。在"安心宝"政策的支持下，企业按照政策要求与科研机构签订合作协议，启动项目。在研发过程中，虽然遇到一些技术难题，但由于有风险补偿机制的保障，企业和科研机构并没有因此而退缩。科研机构加大研发投入，优化研发方案，最终成功突破技术瓶颈。企业也积极配合，做好临床试验、市场推广等方面的准备工作。

随着创新药物研发项目的成功完成，该生物医药企业在市场上迅速崛起，产品获得市场的高度认可，企业的经济效益和社会效益大幅提升。"安心宝"政策在这个项目中，为企业提供资金支持和风险保障，还促进企业与科研机构之间深度合作，加速创新药物研发进程，为企业发展带来巨大机遇。

以"安心宝"政策为代表的风险共担机制，为硬科技企业的发展撑起一把"保护伞"。硬科技企业的研发周期长、风险高，往往让投资者望而却步。而"安心宝"政策通过先研后付、风险补偿等创新机制，降低企业的创新成本和风险，增强投资者信心，激发企业创新活力。这可以让企业更专注于技术研发，不用担心资金链断裂和研发失败带来的巨大损失，为硬科技产业发展营造稳定的融资环境，助力企业在关键核心技术领域取得突破，提升区域科技竞争力和产业安全水平。

延伸阅读·全国视角[①]

2021 年 1 月，国务院发展研究中心在国务院新闻办举行发布会，介绍《优化营商环境条例》第三方评估有关情况，这是 2020 年 1 月该条例正式施行以来在国家层面开展的首次评估。总体来看，各项举措落实总体进展良好，企业满意度整体较高，但也存在统筹推进工作机制不健全、政务数据和信息共享不充分、事中事后监管配套不衔接等问题，营商环境市场化、法治化、国际化水平亟待进一步提升。下一步，要以优化营商环境为牵引，在制约市场化、法治化、国际化的体制机制上大胆创新，通过深化改革着力激发适应高质量发展的新动能。

从市场化营商环境看，深化简政放权，维护公平竞争秩序

简政放权是在构建公平竞争市场秩序基础上进行的治理改善，关键在于减少政府对市场主体的直接干预，让各类市场主体按照《中华人民共和国民法典》所赋予的基本权利开展市场经济活动。政府有关部门要切实遵循《优化营商环境条例》《中华人民共和国市场主体登记管理条例》等法规，逐步拓展完善清单管理制度，进一步规范市场准入、特许经营等环节的审批许可，不断夯实从量的简政放权向质的简政放权转型的法律基础。

持续深化行政审批制度改革。以行政机关清楚告知为前提、企业诚信守诺为保障，完善告知承诺审批管理制度，在更大范围推动简化涉企审批。不断深化商事制度改革，着力推进照后减证并证，积极推进"一业一证"，实现更多市场主体"准入即准营"，切实降低企业制度性交易成本。

[①]　龙海波：《以"放管服"改革持续优化营商环境》，《晋阳学刊》2022 年第 5 期，第 26—32 页。

重点推进投资建设领域审批制度改革。继续深化分级分类审批制度改革，以优化社会投资审批为重点，在确保安全的前提下，推行"区域评估＋标准地＋承诺制＋政府配套服务"审批改革，精简整合审批环节，再造审批流程，推行工程建设项目审批"全程网办"，破解"体外循环"，切实提高审批服务效能，让项目早落地、早投产。

逐步构建与全国统一大市场相适应的竞争审查体系。聚焦医疗、教育、工程建设等市场主体和消费者反映强烈的重点行业领域，着力清除市场准入标准不一致、准入流程长且手续繁、承诺制改革落地难等隐性壁垒。规范细化公平竞争审查标准流程，坚持"谁制定、谁审查"原则，积极探索内部审查、联合审查、动态清理协同工作机制，特别是将市场准入退出、商品要素自由流动、生产经营行为标准等全部纳入审查范围，做到"应审尽审、应清尽清"，进一步增强公平竞争审查制度约束。此外，应加快推进招标投标全流程电子化，建立全国统一的公共资源交易中心，降低公共资源交易成本。

从法治化营商环境看，构建多层监管维护市场主体权益

监管是法治化营商环境的应有之义，也是维护各类市场主体权益的重要手段。多层监管是基于精准、透明、高效原则实行的"聪明"监管，最终实现对商事主体全生命周期、跨场景应用核查执法全覆盖。简政放权与多层监管也是相辅相成的，如果脱离正当监管，简政放权不仅不能维护公平竞争市场秩序，反而会进一步加剧市场无序竞争，最终损害投资者和消费者的利益。稳定、公平、可预期是最重要的法治基石，而这些都有赖于不断提升的监管能力。

着力构建新型市场监管体系。坚持规范和发展并重，夯实各层级监管责任，创新监管理念、监管制度和方式，加强事前事中事后全链条全领域监管。探索以"场景应用"为抓手，创新实施场景化综合监管。运用风险、信用、科技等各类监管方式，全面推行"双随机、一公开"监管，重点推进以信用为基础的分级分类监管。在知识产权领域试点工作基础上，逐步推广知识产权信用标准体系，更好发挥行业协会在信用信息归集、失信管理、严格自律等方面的引领作用，加强知识产权全链条保护。

逐步优化企业破产执行机制。通过强化市场主体退出府院联动机制，畅通市场主体多元退出渠道，同时在破产申请、资产处置、企业注销等方面完善相关监管制度，进一步降低企业破产退出成本，提高市场重组、出清的质量和效率，有效促进资源配置动态调整，确保市场活动"最后一公里"仍然维护破产重整企业的合法权益。

全面落实规范公正执法要求。以解决行政执法突出问题为着力点，完善行政执法制度建设，严格执行行政裁量基准，完善柔性执法清单制度。改进执法方式，健全监管执法协作机制，强化职权下放部门对街道（乡镇）的培训指导职责。健全执法监督机制，把严格规范、公正文明的执法要求落实到执法实践全过程，不断提高行政执法效能。

从国际化营商环境看，加快规则对接促进高水平开放

国际通行规则是对标国际化营商环境的重要内容，也是统筹国际国内两个市场、两种资源的制度纽带。建立与国际通行规则相衔接的营商环境制度体系，就是要接轨国际规则、国际惯例，引入国际通用的行业规范和管理标准，更多体现在放管结合的开放型经济新体制上，包括准入前国民待遇加负面清单的外商投资管理制度、以贸易便利化为导向的跨境贸易制度，以及相关的要素支撑保障制度等。

深入推进外商投资体制机制改革。认真落实《中华人民共和国外商

投资法》及其配套规则，加大对地方政府及有关部门政策承诺履行的督查力度，强化外商投资产权保护，着力推动形成高水平开放新格局。逐步拓宽自由贸易试验区等特殊经济区域范围，有序取消涉及国家安全领域外其他行业在外资准入负面清单中的股权限制，加快税收征补、知识产权保护、技术转让等方面国际经贸规则的对接。

积极抢占数字贸易规则制高点。推进实施跨境服务贸易负面清单管理，建设国家数字贸易创新发展示范区。加强服务领域国际规则建设，尤其要深度参与数字经济相关领域国际技术标准的制定，在多边经贸合作框架下深化国家之间的制度对接，比如跨境电商便利化、跨境数据有序流动、数据存储本地化、数字贸易市场准入、数字知识产权保护等。

不断深化货物贸易便利化改革。打破制约多式联运发展的信息壁垒，推进铁路、公路、水路、航空等运输环节信息的对接和共享。打造"智慧口岸"，强化空港货物通关全链条信息的互联互通，实现进出口申报、物流、监管数据的安全共享和业务协同。

将优化服务贯穿于市场化、法治化、国际化营商环境

优化服务主要体现在一线窗口部门，放管成效如何，在很大程度上取决于"最后一公里"的窗口服务，并贯穿营商环境各领域、各环节。让市场主体切实感受到高效便捷是提升服务质量的根本目的，其关键在于依托数字技术变革推动以一线窗口为导向的业务流程再造，最终实现部门之间标准统一、全域范围共享开放、线上线下协同联动、服务过程公开透明。

构建数字赋能的高效便捷政务服务体系。大力推动"一件事"集成服务。坚持系统观念，从企业和群众办事便利的角度，将多个政务服务事项整合优化成"一件事"，提供高质量的集成服务。推进政务服务标准化建设。建立市、区、街道（乡镇）、村居四级政务服务联动机制，强化行业主管部门的业务指导和培训职责，以及政务服务部门的统一管理和服务标准。提升政务服务便利化水平。强化"整体政府"理念，持续推动"一网、一窗、一门、一次"改革，深度整合系统平台和服务资源，打破办事区域限制和"信息孤岛"。

健全外商投资促进服务体系。基于一体化政务平台设立"涉外服务专区"，整合企业设立、外汇登记、项目核准备案等高频事项办事入口和办事指南，逐步实现全流程一体化中英文在线服务功能。特别是针对国际化高端人才引进，充分依托粤港澳大湾区等先行制度优势，在人才认定、资质互认、教育衔接、金融服务等方面加大政策力度。比如，探索建立国际职业资格证书认可清单制度和动态调整机制，搭建境外职业资格证书查验平台，减免相关公证认证材料，将查验结果作为办理工作许可、工作居住证和人才引进等的直接依据。

健全"一站式"知识产权公共服务体系。全面整合查询、服务、保护、分析、运营、宣传培训等功能，推进知识产权线上线下一体化综合服务。在创新企业集聚区培育一批知识产权信息服务网点，进一步提升知识产权公共服务的便利度和可及性。优化"走出去"企业知识产权保护服务机制，提供海外知识产权纠纷的应对指导和维权培训。

第三章

硬核创新与共生网络

　　杭州的硬核创新生态如热带雨林般疯长，游戏科学、深度求索、宇树科技、云深处科技、强脑科技、群核科技 6 家前沿科技企业，在机器人、AI、脑机接口等领域突破全球技术边界。这些"技术突变体"的爆发，根植于制度沃土：亚运场馆变身企业试验场、算力基建压缩研发周期、竹林资本生态护航全链条创新。

　　事实上，每项突破背后都有制度密码——政策沙盒打破创新壁垒，允许企业重构监管参数；数据中台将零散资源转化为精准滴灌的"创新滴管"；长三角人才共享机制让技术基因跨域重组。

　　这座城市的创新引擎已进化出自我迭代能力。西溪湿地的生态监测系统能随白鹭振翅自动优化算法，之江实验室的量子密钥分发网络与政务云实时互嵌。在政策阳光、资本雨露、市场土壤的共振中，杭州硬核科技企业不再孤立生长，而是像雨林物种般形成共生网络。当制度优势转化为可编程的创新操作系统，技术突破便如同编译成功的代码，在全球科技版图中裂变出"中国方案"的生命力。

创新基座：数字与空间双重革命

数字基建与空间集聚，无疑是杭州创新生态蓬勃发展的两大坚实支柱，为企业创新发展提供强大支撑和运行基础，构筑起杭州不断创新升级的稳固基座。两者之间相互交织、协同作用，为杭州在数字经济时代进一步腾飞插上有力翅膀。

数字基建的普惠价值

作为数字经济发展的重要根基，数字基建在充满活力的城市创新生态体系里发挥着关键的普惠效用。云平台是数字基建的重要枢纽，立足云计算技术并依托强大算力资源，为中小企业创新发展筑牢坚实后盾，成为推动技术普惠化进程的重要力量。凭借在云计算领域的技术沉淀，以及大规模、高规格的基础设施建设，阿里云平台构建起庞大且运转高效的算力网络，通过与众多中小企业开展形式多样的合作，为企业量身打造性价比极高的算力解决方案。直接或间接受益于其算力支持的企业不在少数。

这里不妨以一家中小科技企业为例。该企业专注于技术研发，在创业初期，遭遇了算力严重不足的难题。其技术研发涉及海量的数据处理和极为复杂的算法运算，对算力有着超乎寻常的高要求。然而，居高不下的算力成本犹如一道难以跨越的鸿沟，使之举步维艰，极大阻碍了其技术研发的推进速度。

在这一关键时刻，云平台与该中小科技企业达成合作，依据其自身灵活多变的服务策略，定制出契合后者发展阶段与预算的算力套餐，较为有效地缓解算力成本压力。借助算力支持，该企业组建起一支实力强劲的研发团队，全身心投入技术研发工作。

历经持之以恒的努力，该中小科技企业成功推出了领域内有市场竞争力的消费级产品。这款产品打破了相关技术长期被高端科研机构和少数企业垄断的格局，走进了普通消费者的生活。尤为引人注目的是，其产品价格极大降低了用户的使用门槛，使更多人能够亲身体验到该技术带来的便捷与创新。

这个大中小企业协同创新的合作场景，既彰显出了企业自身的技术实力，也是算力赋能与创新合作模式的生动范例。云平台通过向中小企业提供贴合实际需求的算力服务，切实降低企业创新成本，充分激发企业创新活力，有力推动技术普惠化发展。在此过程中，云平台不仅助力其实现技术突破，还为整个新兴领域发展注入全新动力，促进了该行业的技术进步与市场拓展。

空间集聚的乘数效应

空间集聚是杭州创新生态的又一重要特征。城西科创大走廊作为杭州空间集聚的核心区域，以其独特的"一廊三城"布局，成为创新要素汇聚的高地，展现出强大的乘数效应。城西科创大走廊东起浙江大学紫金港校区，西至浙江农林大学，东西长约 39 公里，下辖紫金港科技城、未来科技城、青山湖科技城、云城，规划总面积约 416 平方公里。这里汇聚了全省 68% 的国家级重点实验室，吸引大量的科研机构、高校和企业入驻，形成一个高度集聚的创新生态系统。

在这个创新生态系统中，企业之间的技术合作变得更加频繁和高效。区域内企业技术合作频率显然要比分散区域高。高频次的技术合作，能够促进知识的共享和技术的交流，使企业能够在合作中相互学习、相互启发，共同攻克技术难题。例如，在一个新兴技术领域，多家企业在城西科创大走廊内共同开展技术研发合作。这些企业来自不同的领域，拥有不同的技术优势和创新资源，通过合作，能够实现资源共享和优势互补，共同研发出具有突破性的技术成果。这类成果在推动企业自身发展的同时，也能够为整个行业的技术进步作出重要贡献。

除了技术合作，城西科创大走廊内的技术交易也十分活跃。2022 年 7 月 13 日，杭州市人民政府、浙江省财政厅、浙江省科学技术厅联合印发《杭州城西科创大走廊创新发展专项资金管理办法》。文件提出要大力引进科技服务企业，对知识产权、技术服务、法律、会计、咨询等科技服务机构，给予 3 年办公场地租金补贴，最高达 50 万元/年；对符合大走廊产业发展导向的高端服务机构，给予最高 100 万元的一次性奖励。对技术中介服务机构、持证技术经纪人促成技术交易的，分别按技术交易额的 3%、2% 给予奖励，单个机构（经纪人）每年最高给予 30 万元奖励。支持科技型企业以知识产权为基础资产公开发行资产证券化产品，按其实际发行规模 5% 的比例，给予累计不超过 500 万元的奖励。①

活跃的技术交易市场，为企业提供更多的技术创新机会和商业合作机会。企业可以通过技术交易，获取自身发展所需的技术和资源，加速技术创新和

---

① 杭州市人民政府、浙江省财政厅、浙江省科学技术厅：《杭州城西科创大走廊创新发展专项资金管理办法》，杭州市人民政府，2022 年 7 月 13 日，https：//www. hangzhou. gov. cn/art/2022/7/28/art_1229665353_7483. html。

产品升级。比如，一家科技企业在城西科创大走廊内通过技术交易平台购买一项关键技术，这项技术的引入让企业能够快速提升产品性能、拓展市场份额，同时企业也可用自身的一些技术成果进行交易，实现技术的价值最大化。

城西科创大走廊的空间集聚效应，促进企业之间的技术合作和技术交易，还吸引大量的人才和资本汇聚。人才是创新的核心要素，资本是创新的重要驱动力。在城西科创大走廊，各类人才和资本的集聚为创新发展提供了源源不断的动力和支持。

数智转型的标志成果

数字与空间的双重革命，为杭州的创新发展带来丰硕的成果。这些成果体现在经济数据的增长上，更体现在产业结构的优化和创新能力的提升上。

作为全国数字经济第一城，早在 2021 年，杭州数字经济核心产业主营业务收入就突破 1.6 万亿元，占浙江省相关业务收入的近六成；增加值 4 905 亿元，占 GDP 比重超过 27%；数字安防市场份额全球第一，云计算大数据国内市场份额第一，电商平台交易量全国第一……即使这样，杭州还是有很强的忧患意识，主动提出要重塑自我并定下目标：力争到 2025 年，全市规模以上数字经济核心产业营业收入超 2 万亿元，增加值超过 7 000 亿元，占 GDP 比重超过 30%。①

数字经济的快速发展，推动杭州产业结构优化升级，使杭州从传统产业向数字经济、智能制造等新兴产业加速转型，硬科技在杭州经济发展中的作用日益凸显。硬科技的发展既可以提升杭州的产业竞争力，也能为创新发展

---

① 网信浙江：《全国数字经济第一城 杭州为何要重塑?》，浙江新闻客户端，2022 年 10 月 9 日，https：//zj.zjol.com.cn/red_boat.html? id = 101259811。

提供强大技术支撑。科技创新助力经济发展的关键，在于科技成果转移转化。《2022 年度浙江省及设区市科技进步统计监测报告》显示，对杭州市创新指数提升贡献最大的是科技产出指数，贡献率达 32.7%。[①]

　　在数字经济和硬科技的双重驱动下，杭州涌现出一批具有国际竞争力的创新型企业。这些企业在各自领域取得重大技术突破，推动行业的发展和进步。例如，深度求索在人工智能领域取得重要成果，展现强大的技术实力。宇树科技等企业在机器人领域取得显著成就，积极探索人形机器人的商业化路径，从春晚"网红"到智能家居布局，从"概念先行"到"成本控制"，推动人形机器人从"实验室"走向"生活"，产品已在多个国家和地区得到应用，逐步提升中国机器人在国际市场的影响力。

　　在数字与空间双重革命的推动下，杭州的创新成效日益显著。这些成果的积累为杭州经济发展注入了强大动力，也为杭州在全球创新竞争中赢得一席之地，为未来可持续发展奠定了日益坚实的基础。

全球竞合：技术自主与生态协同

　　全球科技竞争是一个大舞台，作为其中的一颗璀璨之星，杭州以其技术自主能力和创新生态协同模式展现出强大竞争力。杭州企业在国际舞台上积极进取，不断突破技术封锁，推动标准出海，同时与政府、高校紧密合作，构建起一个互利共赢的创新生态系统，为全球科技创新贡献着杭州智慧和力量。

---

① 邵婷：《全球科技集群中位列第 14 位　形成"1 + 2 + 18 + N"综合性科学中心框架：杭州科技创新这一年交出亮眼成绩单》，《都市快报》2024 年 1 月 7 日，https://hzdaily.hangzhou.com.cn/dskb/2024/01/07/article_detail_2_20240107A051.html。

低成本创新的中国方案

面对美国芯片制裁带来的巨大挑战，中国企业没有退缩，而是积极寻求突破之道，通过深入研究、大胆创新，采用国产算力成功打破技术瓶颈。在这个过程中，相关企业积极研发分布式训练框架，采用先进算法和优化策略，充分利用国产算力资源，实现高效并行计算。通过对模型架构的优化和算法的改进，可成功降低模型的复杂度和计算量，使之在国产算力条件下也能够实现快速、稳定的训练。

在 AI 大模型领域，一匹"黑马"的横空出世，让国人惊喜，令世界瞩目。杭州西溪湿地北侧，汇金国际大厦 12 楼的电梯门缓缓打开，一家名为"深度求索"的 AI 公司藏身于此。创始人梁文锋常被员工在地铁站或食堂偶遇，这位低调的 80 后企业家或许未曾料到，他缔造的深度求索作为杭州创新力量的代表，在全球人工智能领域脱颖而出，以其独特的技术路线和创新理念，树立了低成本创新的典范。

在研发团队的不懈努力下，深度求索研发出的轻量化模型在中文语义理解任务中取得了令人瞩目的成绩。知识问答能力方面，在知识密集型基准测试如 MMLU（多领域知识问答）中，DeepSeek-R1 和 V3 均取得了领先成绩，例如 DeepSeek-V3 在 MMLU 中达到 88.5 分，超过所有开源模型，接近 GPT-4 的水平；中文能力方面，在 C-Eval（中文综合考试）和 C-SimpleQA（中文简单问答）等评测中，DeepSeek-V3 分别取得 90.1 和 64.8 的高分，显著优于同期中文模型如 Qwen-2.5（阿里通义千问代码模型）。[①] 这无疑彰显了深度求索的技术实力，也证明中国在低成本创新方面具备可行性和有效性。

---

① 段玉聪：《DeepSeek 在 DIKWP 白盒测评框架下的定制优化策略》，知乎，2025 年 2 月 14 日，https://zhuanlan.zhihu.com/p/23687696275。

DeepSeek 相关信息及成功要素如图 3-1 所示。

图 3-1　DeepSeek 相关信息及成功要素

注：图片来源于网络。

在实际应用中，深度求索的轻量化模型展现出诸多优势。在智能客服领域，该模型能够快速准确地理解用户的问题，并提供高质量的回答，大大提高客户满意度。在文本分类任务中，该模型能够快速准确地对大量文本进行分类，为企业的信息管理和分析提供有力支持。这些应用充分展示了深度求索轻量化模型的实用价值和市场竞争力。

DeepSeek 的"深度求索"之路，既为自身赢得了声誉和市场份额，更激励着国人在 AI 领域的竞争信心，从而为中国人工智能产业的发展注入强大动力。它向世界证明，中国企业能够另辟蹊径，凭借自主创新和拼搏进取，实现技术突破与产业升级。深度求索的技术成果和创新经验，能为其他企业提供宝贵的借鉴与启示，进而推动中国人工智能产业的整体发展。

技术标准"护城河"的里程碑

在新加坡电力隧道的幽深廊道中，云深处科技的"绝影 X30"四足机器人正执行自主巡检。这不仅是国产机器人首次进入海外电力系统，更意味着中国技术标准通过了东南亚市场严苛的工业场景验证。过去，海外客户认为中国制造等同于低价代工，而现在他们开始讨论云深处的技术参数是否适配其行业标准。这场突破的背后，是近乎孤注一掷的研发投入的连年增长。

改写规则的还有宇树科技的 B2-W 机器狗。当它穿着东北花棉袄在春晚舞台扭起"赛博秧歌"时，全球科技圈的目光聚焦杭州——这家成立仅 8 年的企业，以开源策略将机器狗价格压至国际同类产品的三分之一，其硬件接口标准已被斯坦福等高校实验室采用。要让智能机器人像智能手机一样普及，标准制定权必须掌握在自己手中。

同样具有符号意义的突围来自游戏科学。其开发的《黑神话：悟空》斩获 TGA 2024 年度最佳动作游戏，仅在首发的第一个月，全平台销量就突破了 2 000 万份，印证了"首发经济"可以释放出创新驱动与消费变革的洪荒之力。[①] 这款以中国神话为底色的 3A 大作，采用虚幻引擎 5 构建的物理渲染标准，打破了长期以来欧美国家对 3A 游戏的垄断，证明了中国文化 IP 与全球技术标准可以深度融合。该游戏的联名手柄通过速卖通"百亿补贴品牌出海"计划跨境热销，一举成为"文化＋科技"双输出的重要载体。

当宇树科技将机器狗销往欧美时，其背后是上千个中国品牌集体出海的浪潮。在速卖通"百亿补贴品牌出海"计划中，95% 的合作品牌年销突破百万美元，智能机器人、VR 眼镜等品类正重塑"中国制造"的全球认知。当人们不再依赖低价内卷，而是用技术标准建立"护城河"，这就是里程碑式的新突破。

---

① 朱克力、刘典：《首发经济：中国消费变革新驱动》，中信出版集团、重庆出版社 2025 年 3 月版。

还有更多的里程碑将逐一树立。"杭州六小龙"既是技术突围的注脚，更是中国创新生态进化的缩影。当深度求索的开源大模型降低了全球 AI 应用门槛，当强脑科技的智能仿生腿让残障者重获运动自由……这些故事早已超越商业成功本身，诠释着一个国家如何以开放姿态参与技术平权，在重构全球产业链的过程中，将"中国标准"筑成通向未来的桥梁。

国际资本市场的反应印证了技术话语权的提升。2025 年 2 月，群核科技向港交所递交上市申请，冲击"全球空间智能第一股"。其核心产品酷家乐占据国内 22.2% 的市场份额，海外版产品 Coohom 已渗透美、日、韩及东南亚市场，用户通过其 AI 产品生成设计方案，日均使用量超百万次。杭州企业的技术商业化路径，兼具硅谷的创新基因与东亚市场的落地效率。

这种信任源于系统性创新生态的构建。如今，杭州市政府推出的"三个 15%"政策（财政科技投入年增 15% 以上、新增财力的 15% 以上投向科技、产业资金的 15% 倾斜新质生产力），有望进一步支撑企业跨越研发"死亡谷"。其中，会有企业因此走上创新发展快车道，甚至成长为影响世界的卓越企业。当深度求索的 DeepSeek-V3 大模型以 557 万美元成本即可媲美 GPT-4o 的性能时，其开源策略正推动全球开发者生态建设，向世界提供一个 AI 普惠的中国方案。

"企业—政府—高校"协同模式

杭州的独特之处在于"政府—市场"动态平衡的创新治理。政府通过"链长制"对接重点产业链，科技特派员驻企破解技术梗阻，而市场资本则通过"热带雨林式"生态自发形成协同。当宇树机器人搭载深度求索 AI 模型，在云深处系统中完成跨国巡检任务，这种"技术食物链"闭环必将塑造下一代产业协作范式。

一个数字时代的城市创新模板正在呼之欲出。杭州数字经济核心产业占GDP比重达28.8%（2024年），技术合同成交额年增47.6%（2023年）。其核心逻辑在于，将民营经济活力（贡献70%以上GDP）与国有资本引导（3 000亿产业基金集群）深度耦合，既避免纯市场化的无序竞争，又规避行政过度干预的创新抑制。

杭州的创新成就与"企业—政府—高校"协同模式也是分不开的。在杭州的创新生态系统中，企业是创新的主体，凭借敏锐的市场洞察力和强大的创新能力，不断推出具有国际竞争力的产品和技术。政府则发挥着引导和支持的重要作用，通过制定政策、优化环境、提供服务等方式，为企业创新营造良好的发展氛围。高校作为知识创新和人才培养的重要基地，为企业提供源源不断的技术支持和人才保障。

以深度求索和宇树科技为例，深度求索在人工智能领域的技术突破，离不开政府在政策和资金上的支持，以及高校在人才和科研方面的合作。政府通过出台相关政策，鼓励企业加大研发投入，支持深度求索开展关键技术攻关。高校则为深度求索输送大量优秀的人才，同时与企业开展产学研合作，共同推动技术创新和成果转化。宇树科技在机器人领域的发展，同样得益于这种"企业—政府—高校"协同模式。政府为宇树科技提供场地、资金等方面的支持，帮助企业解决发展初期的困难。高校与宇树科技合作开展机器人技术研究，为企业提供技术支持和创新思路。在政府和高校的支持下，宇树科技不断加大研发投入，提升产品性能，成功将机器人推向国际市场。

杭州的"企业—政府—高校"协同模式，也为各地创新发展提供了一种可以借鉴的范式。通过打破传统创新模式，实现企业、政府和高校之间的资源共享、优势互补和协同创新，这种模式提高了创新效率，降低了创新风险，促进创新成果快速转化和应用，推动产业升级发展。接下来，关键在于继续发挥自身优势，不断完善创新生态系统，加强国际合作与交流，为全球科技创新和经济发展作出更大贡献。杭州的创新经验和实践，也将激励更多城市和地区积极探索创新发展之路，共同推动全球创新事业的繁荣发展。

当良渚玉琮的纹路与代码算法在这里共生，这座城市的创新叙事已不仅是技术突围，更是如何以系统生态参与全球规则重塑。真正意义上的国际化，是让世界自觉自愿地采用你的标准。

未来展望：雨林生态的可持续性

杭州的创新生态正在长成一片繁茂的热带雨林，多元要素相互交织、共生共荣，孕育出无尽的创新力量。在这片创新沃土上，产业融合新空间不断拓展，规则输出展现出中国智慧，为城市可持续发展注入源源不断的动能与活力。

产业融合的新空间

有人说，宇树科技将成为下一个"地面大疆"。事实上，从深圳大疆创新（以下简称"大疆"）的无人机，到杭州宇树科技的机器人，中国科技正在改写全球的未来图景。在低空经济领域，无人机与机器人的协同探索，将为产业融合发展开辟出一片崭新天地。

不妨想象一个场景：当智能机器人企业与智能无人机企业携手合作，一个"空中物流—地面巡检"的协同网络有望加快构建。可以假设，有这样一家全球领先的智能自动驾驶飞行器科技公司，在无人机领域拥有卓越的技术实力和丰富的应用经验。其研发的无人驾驶载人航空器，凭借安全、自动、环保等诸多优势，在城市空中交通、智慧城市管理等领域发挥着重要作用。而宇树机器人则在四足机器人和人形机器人领域成果斐然，其产品具备高度的灵活性和适应性，能够在复杂环境中高效完成各类任务。

一个"空中物流—地面巡检"的协同网络，在智能无人机与智能机器人的合作下，正在逐步构建之中。在试点区域，这一协同模式取得了令人瞩目的成效，配送效率可提升 70%。在一些偏远山区，智能无人机可快速将物资运输到指定地点，然后由智能机器人接手，完成"最后一公里"的配送任务。在物流配送过程中，无人机凭借其快速、高效的特点，能够跨越地理障碍，实现远距离的物资运输。而机器人则可以在复杂的地形中灵活穿梭，将物资准确无误地送到用户手中。

在巡检方面，无人机可以利用其高空视角和快速移动的优势，对大面积区域进行快速扫描，及时发现潜在的问题。一旦发现异常，机器人就可以迅速前往现场，进行详细的检查和处理。在电力巡检中，无人机可以快速飞过输电线路，检测线路的运行状态。如果发现线路存在故障或隐患，机器人可以沿着线路爬行，进行近距离的检测和维修，大大提高巡检效率和准确性。

这种协同模式能够提高物流配送和巡检的效率，降低人力成本和风险。随着技术不断进步和应用场景不断拓展，智能无人机与机器人的协同网络有望在更多领域得到应用，为低空经济发展带来新的活力。

规则输出的中国智慧

不仅一流企业要定标准，一流城市也需要定标准。比如，在四足机器人领域，杭州可依托宇树科技等企业积累的相关优势，积极发挥该领域的引领作用，制定全球首个四足机器人伦理标准。这样可以彰显杭州在科技创新方面的领先地位，进而体现中国在规则输出方面的独特智慧和深远思考。

为此，杭州可率先制定四足机器人伦理标准，首次将"人类优先权"写入技术规范，以此创新之举为全球人机协作提供全新的东方哲学视角。所谓

"人类优先权"原则，应强调在任何情况下，四足机器人的行为都应以保障人类的安全、利益和尊严为首要目标。在机器人的设计、开发和应用过程中，都要充分考虑到人类的需求和价值观，确保机器人不会对人类造成伤害。

在实际应用场景中，"人类优先权"原则无疑将发挥重要的指导作用。在救援场景中，当四足机器人与人类救援人员共同执行任务时，机器人应优先服从人类的指挥，配合人类完成救援工作。在面对危险情况时，机器人应首先保护人类救援人员的安全，确保他们能够顺利完成救援任务。在医疗领域，四足机器人在协助医生进行手术或护理工作时，也应始终以患者的利益为出发点，严格遵守医疗伦理规范，确保医疗过程的安全和有效。

该伦理标准一旦制定，将有助于规范四足机器人的研发和应用，降低潜在的风险和伦理争议，还能够提升公众对机器人技术的信任度，促进机器人技术的广泛应用和发展。对杭州这样在该领域具有优势的中国城市而言，通过将中国价值观和哲学理念融入国际标准中，可为全球机器人产业的健康发展贡献中国智慧，提升中国在全球科技领域的话语权和影响力。

"生态型创新"方法论

杭州这座新兴科技之城的变迁引人瞩目。从十年前的"电商之都"，到"全国数字经济第一城""智能制造 2025 试点示范城市"，再到如今有望晋升为"中国经济第五城"，杭州正加快打造更高水平的创新活力之城，吸引全国科技人才的汇聚。这一发展轨迹不仅映射出杭州科技产业的迭代升级，也成为中国从消费互联网向"硬核创新"跃迁的缩影，加速推动产业向更高端、更具全球竞争力的方向迈进。①

---

① 　陆易斯：《杭州"六小龙"之一群核科技 IPO 启航，精彩神话或还将演绎》，数据猿，2025 年 2 月 18 日，https://mp.weixin.qq.com/s/1n4jIHIMUcvogwz7b8o6tw。

杭州创新生态的成功、"六小龙"的爆发绝非偶然。任何"事后诸葛"式的生硬总结，都不可替代其生生不息的内在机理。这是多元要素共生共荣的必然结果。在浙江省发展规划研究院的报告中，"金木水火土"五字诀被反复提及：政府以"真金白银"投入科创基金，培育"创新人才森林"，构建液态创新网络，点燃接续火种，厚植制度沃土。该报告剖析如下。①

金——耐心陪跑的"真金白银"

"六小龙"看似横空出世，但背后的努力绝非一朝一夕。科技创新成果的成功产业化，离不开风险投资、扶持资金、产业基金等"真金白银"的"耐心陪跑"。

2018 年，制作人冯骥带着游戏科学公司的 7 人初创团队来到杭州，开始了创作《黑神话：悟空》的漫漫"取经路"。其中既要面对 AI 算力、算法等的压力与挑战，也要面对"中国做不出 3A 游戏"的行业质疑，还要承担游戏产业是否影响青少年健康成长的种种社会"审视"。在这"九九八十一难"中，杭州选择"雪中送炭"——需要资金，就借势第六轮动漫产业支持政策提供专项扶持资金；需要办公场地，艺创小镇就派出专员对接保障。

同样在 2018 年，杭州一个考察团在美国波士顿的一间简陋的地下室里找到强脑科技，随即毫不犹豫地将其引入杭州，提供了市级科创基金的早期投资，并于 2024 年继续由杭州创新基金接力，完成 2 亿元的直接投资。

以游戏科学、强脑科技为代表的"杭州六小龙"有一些共同的标签：都由年轻科技人才创办，都处于机器人、人工智能最前沿的科技产业领域，

---

① 兰建平，俞莹，石士鹏，李杨：《细数成就"杭州六小龙"的"金木水火土"》，浙江省发展规划研究院，2025 年 2 月 7 日，https：//www.zdpi.org.cn/txtread.php? id＝18745。

都属于民营小微企业，投入大、周期长、未来收益不确定性高。面对这类"硬核"科技，杭州慷慨解囊，化解企业的"后顾之忧"：推出"3 + N"产业基金，今后将扩大到 3 000 亿元规模；研究提出"三个 15%"科技投入政策，着力从制度层面培育耐心资本。

包容十年不鸣，静待一鸣惊人。杭州以"真金白银"耐心陪跑市场主体，这或许正是"六小龙"能够挣脱引力、一飞冲天的首要秘诀。

木——根深叶茂的"创新人才森林"

城市间科技、产业的竞争，本质上是对创新人才的竞夺，而大学是创新人才最主要的"策源地"。在杭州这一波创新浪潮中，浙大、西湖大学等一批高水平院校扮演了重要角色。与浙大相隔一条马路的紫金港科技城，与西湖大学相隔一街的云谷，处于浙大和西湖大学之间的未来科技城，三个城联合构成了杭州城西的创新大广场，堪称"东方的肯德尔广场"！

深度求索的创始人梁文锋曾就读于浙大电子工程系，其团队正是基于浙大在人工智能领域的研究积累，以"超高性价比"训练出性能匹敌 GPT-4 的大模型。群核科技的两位创始人陈航和黄晓煌，则是在浙大宿舍的"卧谈会"上萌生了云端算力革命的灵感，如今其三维数据平台已服务于全球机器人训练与虚拟现实应用，成为行业的隐形冠军。

有人戏称，浙大校友的创业故事是"实验室到上市公司的直线距离"，而产教融合的课堂堪比"创业预科班"。深度求索、群核科技只是一个缩影，浙大校友堪称杭州创新森林的"隐藏根系"。从海康威视到拼多多，校友企业占据科技版图半壁江山；在深圳的浙大产教融合基地，83 级校友林瑞基带着学弟学妹"反向输出"大湾区资源。

根深，自会叶茂；林成，终将遮天。在产教融合的"光合作用"以及人才网络的"根系反哺"之下，杭州这片"创新人才森林"的每一片树叶都在书写独特未来。

水——交汇融通的液态创新网络

数字时代的创新成果往往产生于生机勃勃的城市社区，而不是偏远封闭的研究孤岛。技术的边界日趋模糊，知识的交换更加频繁，创新网络呈现出一种"液态化"特征。

所谓液态化，就是创新知识和创新氛围像水一样浸润整个城市，并使创新资源从一个个孤点连接成一张网络，在网络中不断流淌、跃迁。在液态网络下，技术创新间的"相邻可能"不断交叉融合、互相激发，创新创意从涟漪变为浪潮，从涓涓溪流变为奔腾江河。

杭州不仅在自然上坐拥江河湖海溪，在创新上也拥有一片纵横贯通的"蓄水池"。以浙江大学、西湖大学等高水平大学和之江实验室、良渚实验室等省实验室为锚机构，杭州提出构建环大学、环科创平台创新生态圈，引导创新资源在区域内高浓度聚集、高频次交流，形成"学科＋平台＋产业"的杭州模式。

海纳百川，润泽万物。杭州以液态创新网络涵养各类创新型企业和创新人才，为他们提供了龙跃于渊的空间。相信在未来，杭州这座优雅温润之城，能够有更多鱼跃龙门，不断掀起科技创新的奔腾巨浪。

火——接续不息的"创新火种"

能看到多远的过去，就能看到多远的未来。回溯历史长河，杭州总是在别人犹豫时大胆迈步，在别人彷徨时加速奔跑，一次次点燃、接续创新火种，让创新的"星星之火"汇聚成"燎原烈焰"。

宋元时期，杭州文化科学名人辈出，深深铸就了崇尚科学、追求创新的人文基因。如毕昇发明活字印刷术，让知识传播效率实现质的飞跃；沈括在《梦溪笔谈》中记录天文、数学、地质等领域的探索与发现，被李约瑟誉为"中国科学史上的坐标"。

当历史的车轮驶入现代，杭州的创新火种从未熄灭，反而在数字浪潮中迸发新光。从华数领跑全国智慧广电、阿里巴巴开启全国电子商务新纪元，再到如今的人工智能与大数据时代，"杭州六小龙"正在全球科技舞台上掀起一股"杭州旋风"。

创新火种不仅闪耀着"光"，还传递着"热"。在杭州亚残运会开幕式上，最后一棒火炬手徐佳玲通过大脑操控智能仿生手点燃主火炬。这只智能仿生手，就是由"六小龙"之一的"强脑科技"缔造的。因为有了科技创新对社会人文的温度赋能，更多需要帮助的人才有了重"掌"人生的机会。

如果说创新火种有内核，那一定是"以人为本"。如今，杭州散发着"科技之光"和"人文之热"的创新火种，正如杭州亚运会开幕式中跨越时空的"弄潮儿"一样，在一代代人的接力中生生不息。

土——悉心厚植的创新沃土

"六小龙"在杭州的成长成功，离不开足够肥沃的创新土壤和连珠成串的创新创业载体。比如，在杭州的城西，有镇，叫梦想小镇，有一条街，叫作向往街，从心之所向到实现梦想，青年才俊们在这里找到了踏实筑梦的平台。又比如，西湖区的艺创小镇，从被关停的水泥厂、采石矿区，破茧成蝶蜕变为拥有30余项国家、省市艺术基地品牌的特色小镇，诞生了《黑神话：悟空》《长安三万里》《白蛇：浮生》等多款国潮动漫"爆款"。

杭州六小龙中有一半位于城西科创大走廊，后者落户了浙江省唯一的国家实验室、2个大科学装置、5家浙江省实验室，以大学、大装置、大科创平台为核心和由众多科技孵化器、科创园、特色小镇组成的创新生态圈正在加速形成。

此外，杭州还围绕打造"青年发展之城向往之地"，提供人才补贴、实习津贴、住房补助、安心生活等系列政策"礼包"，吸引广大有志青年来杭奋斗拼搏。政策效果也是显著的，实现了城市与青年的双向奔赴，杭州连续多年人才净流入率位列全国第一，人口净增长位居全国前列。

千尺高台，起于累土。从天堂之城到双创热土，杭州为各类创新创业企业提供了全方位服务和支撑，让创业者的梦想能插上翅膀、驰骋翱翔。

政策层面的决心更为直观。最新推出的"三个15%"政策，要求市财政科技投入年均增长超15%，新增财力的15%以上投向科技，现有产业资金的15%倾斜新质生产力。在这背后，有一种战略定力在发生作用。正是这种战略定力，让群核科技这类"慢公司"得以深耕云端渲染技术十年，最终将其算力成本降至行业的十分之一，推动全球设计软件从CAD向云端协作转型。

一个良好的生态，是要让水稻和玉米各得其所，关键是为每颗种子找到合适的土壤。在这片创新的热土上，制度创新为创新活动提供坚实的保障，文化沉淀赋予创新以深厚的内涵，市场活力为创新注入源源不断的动能。

以制度创新为阳光，照亮创新之路。杭州通过不断优化政策环境，为企业提供公平竞争的市场环境和有力的政策支持。从早期的杭州版"瞪羚计划"到后来的"负面清单＋场景开放"模式，杭州各项有利于创新创业的政策始终紧跟时代步伐，适应城市经济发展需求。"热带雨林式"创新生态的成功构建缘于政府的姿态——做"种树者"而非"摘果人"，比如通过"亲清在线"平台实现惠企资金秒到账，以"最多跑一次"改革降低制度性交易成本。这些举措的出台，吸引大量的创新企业和人才汇聚杭州，激发了企业的创新活力，推动了创新成果的不断涌现。

以文化沉淀为土壤，滋养创新的种子。"杭铁头"精神所蕴含的坚韧不拔、求真务实的品质，深深扎根于杭州的地域文化之中。这种精神激励着创业者们在面对困难和挑战时不屈不挠，勇往直前。在创新的道路上，创业者们凭借着"杭铁头"精神，不断探索、不断尝试，将一个个创新的想法转化为实际的产品和服务。

以市场活力为雨露，润泽创新的幼苗。杭州活跃的市场环境为创新提供广阔的舞台。在这里，企业能够敏锐地捕捉到市场需求的变化，迅速调整创新方向，推出符合市场需求的创新产品和服务。同时，市场的竞争也促使企业不断提升自身的创新能力和竞争力，推动整个创新生态的良性发展。

杭州的创新生态，为其他地区提供了可复制的"生态型创新"方法论。这种方法论摒弃了传统的"蓝图规划"思维，强调通过制度、产业、资本等多元要素的协同作用，营造出有利于创新的生态环境。在这个生态环境中，创新不再是孤立的个体行为，而是各要素相互作用、相互促进的结果。

其他地区并非没有与杭州类似的一些特点，但难得的是这份协同与分寸。在学习借鉴杭州经验的同时，关键还是结合自身实际，因地制宜打造各具特色的创新生态和营商场景，推动城市和区域经济实现高质量发展。

延伸阅读·全国视角①

2021年世界经济论坛"达沃斯议程"对话会上，中国国家领导人在特别致辞中指出，中国将着力推动规则、规制、管理、标准等制度型开放，持续打造市场化、法治化、国际化营商环境，发挥超大市场优势和内需潜力，为各国合作提供更多机遇，为世界经济复苏和增长注入更多动力。这就要求在构建以国内大循环为主体、国内国际双循环相互促

① 龙海波：《新发展格局下的营商环境优化》，《人民论坛》2021年第20期，第87—89页。

进的新发展格局背景下，更加突出营商环境在促进区域间各环节畅通、国内外经济联通中的重要作用。

构建新发展格局需要良好的营商环境

构建新发展格局，是在统筹把握新发展阶段"两个大局"的基础上提出的。随着全面建成小康社会，中国经济总量已突破 100 万亿元，人均 GDP 超过 1 万美元，已由高速增长阶段转向高质量发展阶段。从国际政治经济格局看，当今世界正处于百年未有之大变局，受国际金融危机和贸易保护主义影响，全球跨国投资增长下降、贸易持续低迷，全球化分工带来的产业链、供应链和价值链布局面临严峻挑战。正是在这样的历史交汇点上，党的十九届五中全会提出了构建新发展格局的重大时代命题，这对于提振世界经济复苏信心、有效应对全球经济不确定性具有重要意义，也是在危机中育新机、于变局中开新局的"先手棋"。

构建新发展格局，必须深入贯彻新发展理念，推动质量变革、效率变革、动力变革，实现更高质量、更有效率、更加公平、更可持续、更为安全的发展。归根结底，要继续深化改革开放，持续优化营商环境，着力释放内需潜能，同时引领经济全球化朝着更加开放、包容、普惠、平衡、共赢的方向发展。营商环境的优劣直接影响着市场主体兴衰、生产要素聚散、发展动力强弱。良好的营商环境是新发展格局下最重要的核心竞争力。因此，必须突出营商环境的市场属性，强化营商环境的法治保障，提升营商环境的国际水平。

2020 年 10 月，国家发展改革委首次发布《中国营商环境报告2020》。报告显示，中国优化营商环境取得积极成效，企业和群众获得感明显增强，中国营商环境在全球排名大幅跃升，连续两年被世界银行评选为全球营商环境改善幅度最大的 10 个经济体之一。从中长期看，新发展格局更加注重畅通国内大循环、促进国内国际双循环、全面促进消费和拓展投资空间，这些领域都离不开市场主体参与。优化营商环境，不仅有利于实现由"世界工厂"到高质量的中国制造提档升级，也有利于深度参与国际大循环，使中国真正成为吸引全球要素资源的聚集地，成为全球产业链延伸、价值链上移的承载地。

优化营商环境应把握新发展格局的重点任务

不论是促进国内消费的内循环，还是稳外资稳外贸的外循环，优化营商环境都至关重要。这是一场深刻的制度变革和体制创新，必须紧扣新发展格局下的重点任务，进一步提升产业竞争力和发展的主动权，为各类市场主体投资兴业营造稳定、公平、透明、可预期的良好环境。

畅通国内大循环要以扩大内需为战略支点。一方面，围绕产业基础高级化和产业链现代化全面部署创新链，为国产新技术、新装备、新产品建立市场空间，更好促进产学研深度融合。另一方面，统筹推进补齐短板和锻造长板，畅通大中小企业和不同所有制企业之间的合作关系，引导中小企业加入国内供应链，稳定产业链供应链安全。要实现这一目标，必须加强产权保护制度，实施市场准入负面清单制度，全面完善公平竞争制度，真正使不同所有制企业能够公平获得资源，公平获得市场准入，公平获得产权保护，公平获得政策支持。

促进国内国际双循环要建立高标准市场体系。新发展格局绝不是封闭的国内循环，而是开放的国内国际双循环。实现高质量发展，要深度参与国际循环，在更高水平上扩大对外开放，扩大外资企业的市场准入，更好地利用国内国际两个市场两种资源。只有加快建设高标准市场体系，才能使生产、分配、流通、消费等各个环节顺畅衔接，劳动力、资本、技术等生产要素优化配置。2021 年 1 月 31 日，中共中央办公厅、国务院办公厅印发了《建设高标准市场体系行动方案》，其中，推进高水平开放是建设高标准市场体系的内在要求，既要持续扩大国内外开放领域，也要不断拓展开放深度，特别是要深化竞争规则领域开放合作，实现市场交易规则、交易方式、标准体系的国内外融通，推动制度型开放，健全外商投资促进、保护和服务体系。

全面促进消费要深化公平竞争和包容审慎监管。提升传统消费、培育新型消费、适当增加公共消费，都与消费供给质量密不可分，但重点在于新型消费扩容提质。近些年来，随着数字经济发展优势不断显现，顺应消费升级趋势推动新模式新业态发展，增强了消费对经济发展的基础性作用，但一些领域的垄断和无序扩张也日益严重，滥用支配地位阻碍了市场有序竞争，最终影响的是广大消费者的利益。因此，深化公平竞争是为了降低市场进入壁垒，促进更多主体进入城乡消费市场，塑造更加开放包容的发展环境。同时也应当看到，包容审慎监管是为了实现行业依法发展、市场规范有序和顾客权益保障的有机统一，促进线上线下消费深度融合，加快建立适应新型消费健康发展要求的监管体系。

拓展投资空间要进一步提升投资审批便利度。促进稳投资的基本要求是扩大有效投资需求。基础设施、市政工程、农业农村公共安全、生态环保、公共卫生、物资储备、防灾减灾、民生保障等领域短板，以及企业技术改造、战略性新兴产业都是拓展投资的有力增长点，关键在于如何让重大工程建设项目尽快落地。提升投资审批便利度是优化营商环境的应有之义，不同之处在于投资项目短期收益可能不明显，激发民间投资活力亟待发力，要通过营造一流的营商环境吸引民间投资，为持续长期投资奠定坚实基础。

以优化营商环境为牵引激发新动能

优化营商环境涉及领域广、部门多，是一项长期性系统工程。要以市场主体需求为导向，深刻转变政府职能为核心，对标国际先进水平，全面贯彻新发展理念，在改善市场环境、提升政务服务质量、包容监管执法、强化法治保障等方面持续推进，着力建设高标准市场体系。

畅通国内大循环要构建全国一体化的要素市场，不断缩小区域之间营商环境差距。促进国际国内双循环要更好融入全球化，进一步提升制度规则开放水平。应该看到，新发展格局对优化营商环境提出了更高期许，同时也是今后努力的重点方向。一方面，中国营商环境建设与国际先进水平还有较大差距，尤其是对全球价值链、供应链、产业链水平的服务能力亟待提升。世界银行发布的《2020年营商环境报告》中，中国的纳税、获得信贷、跨境贸易和办理破产等指标排名还比较靠后。另一方面，中国营商环境自身建设还不平衡、不协调，市场化过程中的隐性壁垒、法治化过程中的"中梗阻"短板较为突出。国务院发展研究中心《优化营商环境条例》实施情况第三方评估显示，不同区域、条目之间在落实效果上分化明显。从区域进展看，东部地区与中西部、东北地区之间，省会城市与非省会城市之间的不平衡问题尚未得到有效改善。从具体条目看，相对靠后的集中在招投标、中介服务规范化、融资便利化等方面，一些地方在招投标、资质许可、标准制定、基础设施和公用事业等领域对非本地企业仍然存在歧视。下一步，要以优化营商环境为牵引，既在重点评价指标上优化流程服务，又在制约市场化、法治化、国际化的体制机制上大胆创新，着力激发适应经济高质量发展的新动能。

　　将制度创新和法治保障摆在更加突出位置。《优化营商环境条例》的颁布，意味着中国营商环境建设已经迈入制度创新阶段。各地先行试点的好经验、好做法也以案例清单方式向全国推广，逐步形成一揽子制度创新解决方案。要逐步清理清单之外的各种隐形门槛和障碍，以及由惠企政策知晓度不高所导致的信息壁垒，加大企业知识产权保护力度。从培育数字经济新业态新模式出发，出台系列优化数字经济营商环境改革举措，更好发挥数据资源在要素配置中的基础性作用。加快推进相关法律法规的立改废工作，进一步夯实优化营商环境的法治保障。

　　围绕产业链供应链安全精准服务市场主体。增强产业链安全必须防止低端产业链向外转移、高端产业链外部断裂，避免形成"两头在外"的过度依赖。稳定供应链安全就是要加强国内企业之间的紧密合作，提升大企业对中小企业的带动作用。优化营商环境要以市场主体需求为导向，保障产业链供应链安全为目标，瞄准促进供应链上下游企业深度合作的链主企业，进一步完善政企沟通机制，采取多种方式及时听取市场主体的反映和诉求，协调解决发展中的重大困难问题。与此同时，要统筹考虑项目建设、人才引进、招商引资、技术创新、政策扶持等工作，引导产业链做大做强和转型升级，在不断扩大和畅通社会再生产循环中为中小企业发展创造更多国内市场空间。

　　加快与国际通行经贸规则对接以推动制度开放。虽然一些国家在竞争中立、知识产权和劳工保护等国际贸易规则上还存在一定分歧，世界银行营商环境评价指标的设置也不完全适应本国国情，但这也会倒逼中国不断提升营商环境的国际化水平。当前，国际经贸新规则已逐渐将内容扩展至包括知识产权、竞争、投资、环保、劳工、消费者保护、资本流动、财政支持、税收、农业支持、采矿权、视听、能源、经济政策对话等领域。以推动制度开放为抓手，既要学习引进先进的监管理念和方法，也要参与国际规则制定，争取更多的中国话语权，努力推动国际规则朝着更加公平、公正、合理的方向发展。要坚定维护经济全球化和自由贸易，积极参与世贸组织改革。秉持互利合作、共赢发展的理念，通过平等协商解决贸易争端。全面加强知识产权保护，健全知识产权侵权惩罚性赔偿制度，促进发明创造和转化运用。

聚焦关键环节和重点领域，深入推进改革。针对招投标、中介服务规范化、融资便利化等短板，需要进一步明确责任、久久为功、持续用力，推进营商环境区域平衡发展。围绕市场主体反映的下放不彻底、许可门类多、承接跟不上、创新活力弱等突出问题，进一步放开各种准入许可，全面执行全国统一市场准入负面清单制度，逐步降低网约车、在线教育、互联网医疗等数字经济领域的市场准入门槛，从"一业多证"向"一业一主证一承诺"转变。针对执法简单化、"一刀切"等社会反映强烈、侵犯主体权益的执法行为，抓紧制订全国统一、简明易行的监管规则和标准，减少运动式执法，力避政策"翻烧饼"，增强执法过程和结果的透明度，进一步破除地方保护和区域壁垒，以包容审慎和协同监管激励创业创新。不断创新服务提供方式，放宽市场准入限制，充分挖掘社会和市场潜力，加大政府向社会购买公共服务的力度，探索更为便捷、高效的多元投资方式，引导鼓励更多社会资本进入公共服务领域。

附录一

杭州市优化营商环境条例

（2023 年 2 月 22 日杭州市第十四届人民代表大会第三次会议通过　2023 年 3 月 31 日浙江省第十四届人民代表大会常务委员会第二次会议批准）

第一章　总　则

第一条　为了优化营商环境，维护市场主体合法权益，激发市场活力和社会创造力，推动经济高质量发展，建设世界一流的社会主义现代化国际大都市，根据国务院《优化营商环境条例》等有关法律、法规，结合本市实际，制定本条例。

第二条　本市行政区域内优化营商环境相关工作适用本条例。

本条例所称营商环境，是指企业等市场主体在市场经济活动中所涉及的体制机制性因素和条件。

第三条　优化营商环境工作应当坚持市场化、法治化、国际化原则，以市场主体需求为导向，以数字化改革为牵引，加快转变政府职能，深化体制机制创新，构建与国际通行规则相衔接的营商环境制度体系，营造稳定、公平、透明、可预期的营商环境。

第四条　市和区、县（市）人民政府应当加强对优化营商环境工作的领导，建立健全协调机制，统筹推进营商环境改革，制定完善优化营商环境政策措施，解决影响营商环境的重点、难点问题。

市和区、县（市）发展和改革部门是本行政区域内优化营商环境工作的主管部门，负责协调、推进和指导优化营商环境日常工作，组织开展营商环境考核评估和监督管理。

市场监督管理、规划和自然资源、城乡建设、人力社保、商务、经济和信息化、投资促进、税务、司法行政、科技、金融监督管理、综合行政执法、公安、人民法院等有关部门和单位应当按照各自职责做好优化营商环境工作。

公职人员应当严格遵守亲清政商交往行为准则，增强主动服务意识，依法履职，勤勉尽责。

第五条　市和区、县（市）人民政府应当建立常态化的与市场主体沟通联系机制，鼓励市场主体建言献策、反映实情，及时听取和回应市场主体意见诉求，依法帮助其解决生产经营中遇到的困难和问题。

对市场主体反映的普遍性、共性问题，有关单位应当根据职责纳入优化营商环境改革范围。

市和区、县（市）人民政府可以设立营商环境建设咨询委员会，为优化营商环境工作提供决策咨询。

第六条　鼓励和支持在法治框架内积极探索优化营商环境的改革措施。改革措施涉及调整实施本市现行地方性法规和政府规章创设的制度规定的，依法经有权机关授权后可以开展先行先试。对探索中出现失误或者偏差的单位和个人，符合规定条件的，可以予以免责或者减轻责任。

市和区、县（市）人民政府应当结合改革需要、承接条件和先行先试授权等情况，依法赋予或者调整有关单位管理权限。

高新技术产业开发区、经济技术开发区、浙江自由贸易试验区杭州片区等应当发挥引领示范作用，率先依法加大改革力度，为本市优化营商环境探索有益经验。

第七条　市和区、县（市）人民政府应当加强营商环境法律法规、政策措施和先进典型的宣传，鼓励和引导社会力量共同参与优化营商环境建设，营造重商亲商利商安商的氛围。

市场主体应当遵守法律法规和社会公德、商业道德，诚实守信，公平竞争，履行法定义务，积极承担社会责任，在国际经贸活动中遵循国际通行规则。

第八条　本市加强与长三角区域等国内城市的交流合作，促进资源要素有序自由流动，推动政务服务标准协调统一、政务服务事项跨区通办和电子证照互通互认等事项实现区域协同。

第二章　市　场　环　境

第九条　本市实施统一的市场准入负面清单制度。市场准入负面清单以外的领域，各类市场主体均可以依法平等进入。

外商投资实施准入前国民待遇加负面清单管理制度。外商投资准入负面清单以外的领域，按照内外资一致的原则实施管理。

本市按照国家和省有关规定，开展市场准入效能评估，及时发现、清理或者建议废除市场准入不合理限制和隐性壁垒。

第十条　市场主体登记主管部门应当采取下列措施优化市场主体注册登记手续，法律、法规另有规定的除外：

（一）对申请人提交的申请材料依法实行形式审查；

（二）允许将同一地址登记为多个市场主体的住所或者经营场所；

（三）除直接涉及公共安全和人民群众生命健康的领域外，市场主体在本市设立分支机构，可以依法申请在其营业执照上加载新设立住所（经营场所）

的地址，不再单独申请营业执照。

依法探索商事主体登记确认制改革，在名称、住所、经营范围登记等环节赋予市场主体充分自主权，构建自主申报和信用承诺相结合的登记体系。

第十一条　本市深化"证照分离"改革，涉及市场主体的经营许可事项以统一清单进行管理。对部分高频办事行业实施准入准营"一件事"联办，实行营业执照和许可证件集成办理、同步发放。

本市实施"一证多址"改革，对部分高频办理的经营许可事项，允许符合条件的市场主体在一定区域内开设经营项目相同的分支机构时，就其符合许可条件作出承诺后，依法免于再次办理相关许可证。法律、法规另有规定的除外。

第十二条　市和区、县（市）人民政府及有关部门应当为市场主体市内跨区域迁移、经营提供便利，不得设置障碍；简化市场主体市内跨区域迁移程序，合并办理市场主体迁移调档与住所（经营场所）变更登记。

市人民政府应当建立健全市场主体迁移服务协调机制，协调解决区、县（市）层面难以协调解决的市场主体跨区域迁移事项。

第十三条　政府及有关部门应当依法平等对待各类市场主体，不得制定或者实施歧视性政策措施，保障市场主体依法平等使用各类生产要素和公共服务资源。

第十四条　市和区、县（市）人民政府应当完善公平竞争审查制度，健全重大政策措施会审、公平竞争审查举报受理回应、政策措施抽查等机制，营造公平竞争的制度环境。

政府有关部门应当加大执法监督力度，预防和制止市场经济活动中的不正当竞争行为以及滥用行政权力排除、限制竞争的行为，营造公平竞争的市场环境。

第十五条　商务、海关、口岸管理、交通运输、税务等部门应当加强协作、优化口岸业务办理流程，依法精简进出口环节审批事项和有关单证，推动完善国际贸易"单一窗口"服务功能，促进跨境贸易便利化。

本市实行口岸收费目录清单制度。口岸管理部门应当组织编制、定期更新口岸收费目录清单，并在国际贸易"单一窗口"平台公开。各收费主体不得在目录以外收取费用。市场监督管理、财政、发展和改革、交通运输、商务、海关等部门应当建立健全口岸收费监督管理协作机制，依法查处各类违法违规收费行为。

第十六条　本市实行公共资源交易目录管理制度。列入公共资源交易目录的项目，应当依法采用招标、拍卖、挂牌等方式在公共资源交易平台进行交易，法律、法规另有规定的除外。

市公共资源管理部门应当会同相关部门，完善公共资源交易平台的交易、服务、监管等功能，依法公开公共资源交易全过程信息，实行公共资源交易全流程电子化，推动招投标数字证书跨区域兼容互认，推广远程异地评标，保障各类市场主体及时获取相关信息并平等参与交易活动。

第十七条　鼓励金融机构加大对民营企业、中小微企业的支持力度，提高对民营企业、中小微企业信贷规模和比重，优化金融服务流程，降低市场主体的综合融资成本，为市场主体提供优质高效便捷的金融支持。

市和区、县（市）人民政府及有关部门应当加强与国家金融监督管理部门派出机构的合作，建立健全金融综合服务机制，依托金融综合服务平台推动金融产品供需对接、信用信息共享、授信流程优化。

市和区、县（市）人民政府应当推动建立和完善为民营企业、中小微企业等提供融资担保的政府性融资担保体系，建立健全资本补充机制和风险补偿机制。

第十八条　市和区、县（市）人民政府应当将促进个体工商户发展纳入本级国民经济和社会发展规划纲要，结合本行政区域个体工商户发展情况制定具体措施并组织实施，为个体工商户发展提供支持。

第十九条 供水、排水、供电、供气、供热、通信网络等公用企事业单位应当公开服务范围、标准、收费、流程、完成时限等信息，精简报装流程，压减办理时限，提升服务质量，不得以任何名义收取不合理费用，不得强迫市场主体接受不合理的服务条件，不得违法拒绝或者中断服务。

在城镇规划建设用地范围内，供水、排水、供电、供气、供热、通信网络的投资界面应当延伸至用户建筑区划红线，除法律、法规等另有规定外，不得由用户承担建筑区划红线外发生的费用。

支持供水、排水、供电、供气、供热、通信网络等公用企事业单位整合服务资源，开展业务协作，推行公用基础设施接入联合服务。对市政接入工程涉及的建设工程规划、绿化、涉路施工等许可事项，实行在线办理、并联审批、限时办结。

有关行业主管部门应当加强对水、电、气、热、网络等供应可靠性、安全性的监督管理。

第二十条 本市培育和发展各类行业协会、商会，依法规范和监督行业协会、商会的收费、评比、认证等行为。

支持行业协会、商会依照法律法规和章程，加强行业自律，反映行业诉求，为会员提供信息咨询、宣传培训、市场拓展、权益保护、纠纷处理等服务。

鼓励行业协会、商会搭建各类产业对接交流平台，举办具有影响力的行业活动，开展招商引资、人才引进等工作。

第二十一条 中介服务机构及其从业人员应当依法开展中介服务活动，维护委托人的合法权益，不得损害国家利益、公共利益以及他人的合法权益。

中介服务机构应当在经营场所醒目位置明示营业执照、机构资质证书，公布服务项目、服务流程、收费标准、监督电话等事项。中介服务收费项目属于政府指导价或者政府定价管理的，不得高于核定标准收费；实行市场调节价管理的，应当按照明示或者双方约定的价格收费。鼓励市场中介机构根据中介服务内容，利用网络技术手段提高服务便利性。

市和区、县（市）人民政府及有关部门应当建立促进中介服务机构创新发展机制，制定适应中介服务机构发展特点的政策措施。鼓励有关中介服务机构行业主管部门、中介服务行业组织开展中介服务标准化建设，引导中介服务机构优化工作流程、合理压缩工作时限，规范中介服务市场秩序，促进中介服务市场健康发展。

第二十二条 市和区、县（市）人民政府及有关部门应当建立高效、便利的市场主体退出机制，畅通退出渠道，降低退出成本。

本市实施市场主体注销便利化改革，实行"照章联办、照银联办、证照联办、破产联办、税务预检"的注销机制。对领取营业执照后未开展经营活动、申请注销登记前未发生债权债务或者已将债权债务清偿完结的，允许符合条件的市场主体按照简易程序办理注销登记。

第二十三条 本市建立健全市场主体应急援助救济机制。发生突发事件时，各级人民政府应当统筹突发事件应对和经济社会发展工作。采取的应对措施，应当与突发事件可能造成的社会危害的性质、程度和范围相适应；对因突发事件等原因造成经营困难的市场主体，应当结合实际情况及时采取纾困帮扶措施。

第三章　政 务 服 务

第二十四条 市和区、县（市）人民政府应当加强数字政府建设，统筹推进各领域政务应用系统的集约建设、互通联动、协同联动，充分运用大数据、人工智能、物联网等数字技术，为市场主体提供优质高效便捷的政务服务。

第二十五条 市和区、县（市）数据资源管理部门应当按照统一标准和规定，组织编制本级公共数据目录，依托公共数据平台建立统一的数据共享通道。有关单位应当深化数据共享应用，可以通过共享获取数据的，不得要求市场主体重复提供。

第二十六条　本市建立健全市、区县（市）、乡镇（街道）政务服务体系，推动政务服务向基层延伸，根据需要在产业园区设立一站式企业服务窗口。

政务服务体系应当标准化、规范化，实行同一政务服务事项全市同一办理标准，线上线下同一服务标准。

本市建立政务服务中心进驻事项负面清单制度，除场地限制或者涉及国家秘密等情形外，各类政务服务事项一般应当纳入政务服务中心集中办理。除法律、法规另有规定或者涉及国家秘密等情形外，政务服务事项纳入统一的在线政务服务平台办理，实现"一网通办"。

政务服务中心与政务服务平台应当全面对接融合。市场主体有权自主选择政务服务办理渠道，有关部门不得限定办理渠道。

提供政务服务过程中，有关单位应当运用评价机制，通过好差评反馈、过错整改、复核监督等方式提升市场主体满意率。

第二十七条　本市各级政务服务中心应当设置综合窗口，健全一次性告知、首问责任、限时办结、容缺受理、告知承诺等制度。

第二十八条　本市编制电子证照目录清单，按照标准制发的电子证照与实体证照具有同等法律效力，可以作为政府服务和市政公用服务中的依据和凭证。有关单位应当依托公共数据平台完善电子证照的签发、互通互认、异议处理、反馈纠错等管理制度。

本市推进电子印章在政务服务等领域的应用，鼓励市场主体和社会组织在经济和社会活动中依法使用电子印章。

第二十九条　除按照规定不适用告知承诺制的事项外，本市推行证明事项和涉企经营许可事项告知承诺制。登记、许可机关应当公布职责范围内实行告知承诺制的事项目录，制作承诺书格式文本，明确不实承诺的法律责任。书面承诺履约情况记入其信用记录，作为事中、事后监管的重要依据。

第三十条　本市实行开办企业全业务"一网通办"，整合设立登记、公章刻制、发票申领、社保医保登记、银行开户、住房公积金缴存登记等开办事项，提供一站式集成服务。

第三十一条　市场监督管理、人力社保、税务、海关等部门可以依法共享企业年度报告有关信息，企业只需填报一次年度报告，无需再向多个部门重复报送，实现涉及事项年度报告的"多报合一"。

第三十二条　本市推进社会投资项目"用地清单制"改革。在国有土地使用权出让前，由区、县（市）人民政府、市人民政府确定的单位按照规定开展有关评估和现状普查，形成评估结果和普查意见清单，在订立国有土地使用权出让合同时一并交付用地单位。

第三十三条　市和区、县（市）人民政府及有关部门应当根据项目性质、规模等因素，分类精简投资审批程序，规范技术审查事项，建立项目前期策划制定机制，加强项目决策与用地、规划等建设条件的协同，并依托投资项目在线审批监管平台实行并联办理、限时办理。

市和区、县（市）人民政府应当完善投资项目跟踪服务机制，及时协调解决投资项目建设和生产经营中的问题。

第三十四条　市和区、县（市）人民政府及有关部门应当根据建设工程的规模、类型、位置等因素，公布工程建设项目的风险划分标准和等级，制定分类管理制度。

本市建立施工图分类审查制度，实施工程建设项目全过程图纸数字化管理。

第三十五条　本市执行统一的测绘测量技术标准，分阶段整合规划、土地、房产、交通、绿化、人防等测绘测量事项，实现同一阶段"一次委托、成果共享"，避免对同一标的物重复测绘测量。

第三十六条　对实行联合验收的工程建设项目，由城乡建设主管部门"一口受理"建设单位申请，会同有关部门限时开展联合验收，实现"统一收件、内部流转、联合审批、限时办结，自动出件"。

探索单位工程竣工验收规划核实创新做法，开展以工业项目为主的单位工程竣工验收改革。

第三十七条　税务部门应当在信息安全前提下实施税费事项两级集中处理制，探索涉税事项全市通办和税种综合申报机制，以信息化手段进行纳税提醒和风险提示，按照规定探索发票和凭证全面数字化，推行出口退（免）税备案单证数字化管理。

第三十八条　不动产登记机构应当按照规定提供不动产登记、交易和缴税"一窗受理"、并行办理服务，免费提供不动产登记信息网上查询和现场自助查询服务；与公用企事业单位加强协作，实现水、电、气、网业务与不动产登记联动办理。

申请通过网络办理不动产登记的，经申请人同意，不动产登记机构可以依法采集和使用申请人在政务服务平台、市统一公共数据平台内身份信息和人像认证等身份验证结果作为身份证明，可以依法使用申请人电子签名、申报确认等行为记录作为登记意愿证明。

第三十九条　市和区、县（市）人民政府及有关部门应当全面落实国家、省和市减税降费政策，及时研究解决政策落实中的具体问题，保障减税降费政策全面、及时惠及市场主体。

本市有关惠企政策依托统一的数字化平台实行集中发布、"一网兑付"和兑付事前精准推送机制。通过信息共享、大数据分析等方式，对符合条件的企业实行优惠政策免予申报、直接享受；确需企业提出申请的优惠政策，应当简化申报手续。

第四章　创新创业支持

第四十条　市和区、县（市）人民政府及有关部门应当完善创新创业扶持政策和激励措施，统筹安排各类支持创新创业的资金，降低市场主体创新创业成本。

鼓励全社会积极参与创新创业，广泛宣传促进创新创业的政策措施和先进典型，支持举办创新创业大赛、技能竞赛、创新成果和创业项目展示推介宣传活动，培育弘扬企业家精神和工匠精神，营造鼓励创新、支持创业、褒扬成功、宽容失败的氛围。

第四十一条　市和区、县（市）人民政府及有关部门应当采取措施，支持大学生创业园、众创空间、科技企业孵化器、大学科技园、海外高层次人才创业园等各类创新创业载体建设，在场所用地、基础设施建设、公共管理服务等方面按照规定提供税费减免等优惠条件，降低市场主体初创成本，提高孵化成功率。

鼓励高等学校、科研机构、企业等科技创新平台向社会开放科研设施与仪器设备，推进资源共享。

本市培育技术市场和技术转移服务机构，为市场主体开展成果转化活动提供便利。

第四十二条　本市营造中小微企业健康发展环境，保障中小微企业公平参与市场竞争，支持中小微企业创新创业。

市和区、县（市）人民政府应当在政府采购、金融支持、科技创新、人才引进等方面制定扶持政策，并在本级预算中安排中小微企业发展专项资金，支持中小微企业发展。

本市发挥政府引导基金作用，引导和支持投资机构投资初创期科技型、创新型中小微企业。

市和区、县（市）人民政府及有关部门应当完善品牌建设激励机制，引导中小微企业建立健全品牌培育管理体系，支持中小微企业培育自主品牌。市场监督管理、商务、经济和信息化等部门应当对中小微企业申请注册商标、地理标志专用标志和申报"中华老字号"等给予指导，建立健全品牌保护机制，增强中小微企业品牌的市场竞争力。

市和区、县（市）人民政府及有关部门应当推动大型企业与中小微企业加强创新链、产业链、供应链、数据链等方面合作，支持培育企业融通创新平台和基地，促进企业融通发展。

第四十三条　市和区、县（市）人民政府及有关部门应当建立创新型企业梯度培育体系，制定分层分类的扶持政策。

支持市场主体加大研发投入，开展核心技术攻关。推进应用场景建设和开放，加强新技术、新产品应用示范，加大对首台（套）装备、首批次材料、首版次软件示范应用的支持。

市和区、县（市）人民政府及有关部门应当推动市场主体与高等学校、科研机构以及其他组织通过合作开发、委托研发、技术入股、共建新型研发机构、科技创新平台和公共技术服务平台等产学研合作方式，共同开展研究开发、成果应用与推广、标准研究与制定等活动。

第四十四条　市和区、县（市）人民政府制定的产业引导政策应当及时向社会公开，有关产业平台和园区的招商计划、产业目录和土地供应情况等应当依法公开。

第四十五条　市规划和自然资源主管部门会同发展和改革、经济和信息化等部门在编制年度工业用地出让计划时，应当明确创新型产业用地的出让计划，保障创新型产业的用地需求。

市和区、县（市）人民政府应当根据产业发展定位和资源禀赋，布局建设不同功能定位的小微企业园，统筹安排小微企业园的建设用地以及园区公共配套设施建设。

市和区、县（市）人民政府可以依据国土空间规划，综合产业政策、产业发展趋势、企业用地需求等，依法采用租赁、先租后让、弹性年期出让等方式供应产业用地并合理确定土地使用年限。

第四十六条　市和区、县（市）人民政府应当采取措施，积极探索数据交易相关制度，鼓励和支持开展数字技术研发和推广应用，培育和发展数字经济新产业、新业态和新模式，引导数字经济和实体经济深度融合，构建数字经济的生态系统。

第四十七条　公共数据开放遵循依法、规范、公平、优质、便民的原则。市数据资源管理部门应当会同有关部门，根据经济社会发展需要，在本市公共数据开放子目录范围内，制定年度公共数据开放重点清单，优先开放与民生紧密相关、社会迫切需要、行业增值潜力显著和产业战略意义重大的公共数据。鼓励使用公共数据从事科学技术研究、咨询服务、产品开发、数据加工等活动。

市和区、县（市）人民政府及有关部门应当通过产业政策引导、社会资本引入、应用模式创新、强化合作交流等方式，引导市场主体开放自有数据资源。鼓励大型国企、大型研究机构、互联网平台企业等将具有公共属性的数据依法向社会开放共享。

第四十八条　市和区、县（市）人民政府及有关部门应当建立健全知识产权公共服务体系，完善一站式知识产权公共服务供给机制，指导和帮助市场主体规范内部知识产权管理，提升市场主体创造、运用和保护知识产权的能力。

市人民政府应当加大知识产权保护力度，加强知识产权行政执法能力建设，推进行政保护和司法保护的衔接，健全跨区域执法协作，完善知识产权纠纷多元化解决机制和维权援助机制。

市人民政府应当建立境外知识产权风险防控体系，健全风险预警和应急处置机制，提升境外知识产权风险防控水平。

本市支持金融机构设立知识产权融资专业机构，鼓励金融机构提供知识产权质押融资、资产证券化、保险等金融服务。建立健全政府引导的知识产权质押融资风险分担和补偿机制，综合运用担保、风险补偿等方式降低信贷风险。

第四十九条　人力社保部门应当为市场主体提供用工指导、政策咨询、劳动关系协调等服务，支持市场主体采用灵活用工机制；加强劳动者职业技能培训，完善劳动者失业保障和就业服务机制，畅通劳动者维权渠道，依法保护劳动者合法权益。

第五十条　人力社保部门应当统筹推进人才公共服务体系建设，完善人才培养、引进、激励、服务保障机制，设立人才服务专线，统筹人才需求，整合服务资源，打造一站式人才综合服务平台。

本市实施目录认定、授权认定、专才认定与行业评判、市场评价、社会评议相结合的"三定三评"高层次人才评价认定模式，充分尊重、保障和发挥各类用人主体在人才培养、引进、使用、评价和激励等方面的自主权。

市和区、县（市）人民政府及有关部门应当为各类高层次人才提供医疗、社会保险、住房、子女教育等方面的支持，优化外国人来华工作许可和工作类居留许可审批流程，为外籍高层次人才出入境、停居留提供便利。

本市在不直接涉及公共安全和人民群众生命健康、风险可控的领域，探索建立国际职业资格证书认可清单制度。

第五章　监　管　执　法

第五十一条　市和区、县（市）人民政府及有关部门应当依法记录市场主体在注册登记、资质审核、行政许可和日常监管中的信用情况，实现信用信息全程可查询、可追溯。

本市推行以信用为基础的分级分类监管制度，对不同信用状况的市场主体，在法定权限内采取差异化管理措施。在日常监管中，对信用状况良好的市场主体，合理降低抽查比例和频次；对失信主体，适当提高抽查比例和频次，加强现场监督检查。

本市建立健全信用修复机制，明确失信信息修复的条件、程序、方式等，为失信市场主体提供高效便捷的信用修复服务。

第五十二条　市和区、县（市）人民政府及有关部门应当依法运用互联网、大数据等技术手段，加强监管信息归集共享和应用，推行远程监管、移动监管、预警防控等非现场监管，提升监管精准化、智能化水平。

第五十三条　市和区、县（市）人民政府及有关部门应当按照鼓励创新、确保质量和安全的原则，对新技术、新产业、新业态、新模式等实行包容审慎监管，分类制定和实施有关监管规则，预留行业发展空间，引导健康规范发展。

第五十四条　本市在食品、药品、疫苗、环保、安全生产等直接涉及公共安全和人民群众生命健康的领域，依法建立内部举报人制度。鼓励行业、领域内部人员举报市场主体涉嫌严重违法违规行为和重大风险隐患，提高监管执法的针对性、有效性。查证属实的，有关部门应当按照规定对内部举报人予以奖励，并对其实行严格保护。

第五十五条　本市依法实行综合行政执法，整合精简执法队伍，减少执法层级，稳步推进乡镇、街道的综合行政执法工作。

市和区、县（市）人民政府应当优化执法方式，推行联合执法制度，对同一监管对象涉及多个执法主体的事项可以按照一件事进行集成，推动综合监管，防止监管缺位、避免重复检查。

对市场主体违法行为轻微并及时改正，没有造成危害后果的，不予行政处罚，依法进行教育。

第五十六条　实施行政强制应当坚持教育与强制相结合的原则。确需实施行政强制的，应当依法限定在必需范围内，减少对市场主体正常生产经营活动的影响。

本市建立不予实施行政强制措施清单，对违法行为情节显著轻微或者没有明显社会危害，采取非强制手段可以达到行政管理目的的，不采取行政强制措施。

第五十七条　市和区、县（市）人民政府及有关部门应当加强对市场主体的产权保护，依法慎重使用查封、扣押、冻结等强制措施；确需查封、扣押、冻结的，应当依照法律、法规的规定进行，并尽可能减少对市场主体正常生产经营活动的影响。

实施查封、扣押、冻结等措施，应当区分法人财产与个人财产、违法所得与合法财产，在条件允许情况下为市场主体预留必要的流动资金和往来账户，不得超权限、超范围、超数额、超时限查封、扣押、冻结，并及时依法调整、解除相关措施。

第五十八条　除涉及人民群众生命安全、发生重特大事故或者举办国家重大活动，并报经有权机关批准外，政府及有关部门不得在相关区域采取要求相关行业、领域的市场主体普遍停产、停业等措施。采取普遍停产、停业等措施的，应当合理确定实施范围和期限，提前书面通知市场主体或者向社会公告，法律、法规另有规定的除外。

第六章　法　治　保　障

第五十九条　制定与市场主体生产经营活动密切相关的行政规范性文件和政策措施应当充分听取市场主体、行业协会、商会的意见建议。除依法需要保密外，应当按照规定向社会公开征求意见。

制定与市场主体生产经营活动密切相关的行政规范性文件等，应当按照规定进行公平竞争审查。

第六十条　市和区、县（市）人民政府及有关部门应当通过政府网站、政务服务平台集中公布、及时更新涉及市场主体的法律、法规、规章、行政规范性文件和各类政策措施，并通过多种途径和方式加强宣传解读。

行政规范性文件和政策措施应当保持连续性和相对稳定性。因形势变化或者公共利益需要调整的，应当设置不少于三十天的适应期，为市场主体预留必要的适应调整时间。

第六十一条　依法作出的政策承诺以及依法订立的合同，市和区、县（市）人民政府及有关部门不得以行政区划调整、政府换届、机构或职能调整、相关责任人更替等为由不履行、不完全履行或者迟延履行约定义务。确因国家利益、公共利益需要改变政策承诺、合同约定的，应当依照法定权限和程序进行，并依法予以补偿。

市人民政府应当建立政府诚信的管理、监督、评价体系，完善政府失信责任追究制度和企业合法权益补偿救济机制。

第六十二条　依法设立的政府性基金、政府定价的经营服务性收费和涉企行政事业性收费、保证金，应当实行目录清单管理并向社会公开，目录清单之外的前述种类收费和保证金一律不得执行。推广以金融机构保函、保证保险等替代现金缴纳涉企保证金。

市和区、县（市）人民政府应当加强对乱收费、乱摊派、乱罚款的专项整治，完善整治涉企乱收费协同治理和联合惩戒机制，并加大对国家机关、事业单位拖欠市场主体账款的清理力度，通过加强预算管理、严格责任追究等措施，建立防范和治理国家机关、事业单位拖欠市场主体账款的长效机制。

审计机关应当依法对涉企收费目录清单执行、减税降费政策措施落实、拖欠民营企业中小微企业账款清理等情况进行审计监督。

第六十三条　市和区、县（市）人民政府应当建立普惠均等、便捷高效、智能精准的公共法律服务体系，优化律师、公证、司法鉴定、仲裁、法律援助等法律服务资源配置，为市场主体提供专业化、高水平的公共法律服务。

第六十四条　市和区、县（市）人民政府应当完善和解、调解、公证、仲裁、行政裁决、行政复议、诉讼等相互协调的多元纠纷解决机制，保障相关工作经费，加强纠纷解决能力建设，为市场主体提供高效、便捷纠纷解决渠道。

本市建立公益性调解与市场化调解并行的调解机制，鼓励商事调解组织、行业调解组织、专业调解组织在商事纠纷多发领域充分发挥调解作用；推进行业协会、商会"共享法庭"建设，发挥行业调解组织和专业审判力量在预防和化解商事纠纷中的作用。

本市建设一站式涉外商事纠纷解决平台，支持涉外商事调解组织和仲裁机构发展，为市场主体解决涉外商事纠纷提供服务。

第六十五条　市场主体在办理设立、变更、备案等登记注册业务或者申报年报时，其登记的住所默认为市场主体承诺确认的法律文书送达地址。市场主体可通过国家企业信用信息公示系统（浙江）另行填报企业法律文书送达地址，并承诺对填报内容真实性以及送达地址可以及时有效接收法律文书负责。法律、法规另有规定的除外。

第六十六条　市和区、县（市）人民政府应当与人民法院建立常态化的企业破产工作联动机制，协调解决企业破产处置中的信息共享、信用修复、财产处置、职工安置、风险防范等重大事项。

城乡建设、规划和自然资源、税务、公安等部门应当与人民法院建立破产企业财产解封及处置协调机制，依法优化破产企业的不动产处置程序；健全企业破产工作联动数字化机制，便利破产管理人通过线上方式查询破产企业财产相关信息。

对于人民法院裁定批准重整计划的破产企业，有关部门应当依法调整信用限制和惩戒措施。

重整计划执行期间及执行完毕后，除法律、行政法规另有规定外，不得因重整排除市场主体参与招投标、融资等市场行为的资格，不得限制其享受有关审批和公共服务中的便利措施，不得影响其参与评先、评优活动。

第六十七条　市和区、县（市）人民代表大会常务委员会通过听取专项工作报告、执法检查、规范性文件备案审查、质询、询问或者代表视察等方式，加强对优化营商环境工作的监督。

市和区、县（市）人民政府可以建立优化营商环境监督员制度，邀请企业经营者、专家学者、行业协会商会代表等担任监督员，对营商环境进行社会监督。

鼓励新闻媒体发挥舆论监督作用，对损害营商环境的行为和典型案件予以报道。报道应当真实、客观。

第六十八条　本市依托12345市民服务热线、政务服务平台、政府网站、政务新媒体等渠道受理有关营商环境的咨询和投诉、举报。有关单位应当及时答复投诉人、举报人，并为其保密。

第六十九条　市和区、县（市）人民政府应当将优化营商环境工作纳入绩效考核，加强对本级政府部门和下级人民政府的监督检查，对成绩显著的单位和个人依法给予褒扬，对不作为、慢作为、乱作为损害营商环境的单位和个人依法予以问责。

第七章　附　则

第七十条　本条例自2023年7月1日起实施。

中　篇

理解创新驱动

读懂杭州现象的关键在于理解创新驱动，即如何以创新为引领并深度融入新质生产力与双循环格局。新质生产力作为发展新引擎，重在整合科技创新资源，培育战略性新兴产业和未来产业，如"杭州六小龙"在人工智能、机器人等前沿领域不断突破，抢占发展制高点。同时应当加快融入双循环，推进高水平对外开放，为经济发展开拓广阔空间。这为打开硬核创新密码提供了全局而具有深度的视角，也为其他城市实现创新发展提供了有益思路。

　　创新需要多方驱动。以科创引领与数智赋能为两翼，推进新基建与新消费同频共振，以新技术驱动新兴产业发展，利用数智技术提升企业效能；构建有利于创新的综合生态系统，从制度支撑、金融资本、科研实力、市场机制和人才培养等多方面发力，为科技创新提供坚实保障；通过政策引导、培育创新主体、搭建成果转化平台等举措，促进"两创融合"即科技创新与产业创新深度融合。

第四章
新质生产力与双循环

　　杭州凭借独特创新生态孕育出"六小龙"等科创力量，生动展现了创新驱动下城市发展的无限可能。在迈向科技前沿的通途上，创新在重塑生产力格局中发挥着关键作用。当下全球经济格局深度调整，新质生产力与双循环战略成为城市发展的全新引擎。各地需要因地制宜，探索如何借新质生产力的东风，融入双循环新发展格局。

　　新质生产力作为区别于传统生产力的新型力量，以科技创新为核心，融合数字技术、智能工具、高端人才等要素，深刻改变着城市经济增长模式与产业结构。而双循环新发展格局强调以内循环为主体、国内国际双循环相互促进，为城市发展开辟了更广阔的空间与新机遇。各城市在发展进程中虽面临不同挑战与机遇，但都在积极寻找激活新质生产力、融入双循环的有效路径。

　　接下来，我们将跳出一城一池的地域范畴，站在全局视角俯瞰城市创新这篇大文章。本章将深入剖析新质生产力与双循环对于经济发展的核心意义，从理论维度与实践层面，启迪各地汲取创新型城市经验，并结合自身特色，在双循环格局中找准定位，挖掘新质生产力潜能，实现经济高质量发展与城市竞争力的跃升，开启城市发展的全新篇章。

培育竞争新优势的"先手棋"

既要站在杭州看中国，也要立足全国看未来。当前，一场全新的生产力变革正在酝酿之中。无论是当前流行的生成式人工智能与大模型，还是蓄势待发的无人驾驶等新兴技术，都将彻底改变人们的生产方式和生活方式。2023 年下半年，习近平总书记在地方考察时提出，要整合科技创新资源，引领发展战略性新兴产业和未来产业，加快形成新质生产力。随着"新质生产力"成为新的热词，人工智能等新技术与现实经济世界的关联也更加清晰和深刻起来。

新质生产力的核心要义

如果说，"经济新常态"构成了中国经济发展的基本语境，"高质量发展"提出了塑造中国未来前途的大逻辑，"新质生产力"则释放了驱动高质量发展的新动力。

顾名思义，"新质"即新的质态。"新质生产力"就是新质态的生产力，其有别于传统生产力，涉及领域新，技术含量高，是科技创新发挥主导作用的生产力，代表生产力演化中的一种能级跃迁。

新一轮科技革命和产业变革在信息革命的基础上孕育兴起，有着以大数据、互联网、云计算、区块链及人工智能等工具体系为代表的生产力系统，是完全不同于传统的新质生产力，带来的是根本不同于以往的新质态发展。

由此，创新驱动成为"新"的关键，高质量发展则成为"质"的锚点。这意味着，新质生产力必然要告别传统技术体系、摆脱传统增长路径、符合高质量发展要求，充当数字时代更具融合性、更体现新内涵的生产力。

新质生产力，核心要义是"以新促质"，以创新驱动新经济变革，以新经济引领高质量发展。具体路径是通过整合科技创新资源，积极培育战略性新兴产业，前瞻布局未来产业，开辟发展新领域新赛道，塑造发展新动能新优势。

在百舸争流的时代大潮中，谁能抓住机遇，谁就能占领先机、赢得优势，真正掌握竞争和发展的主动权。历史性战略机遇不容错过，形成并发展新质生产力，实现传统生产力向新质生产力的过渡转化，成为抢占发展制高点、培育竞争新优势、蓄积发展新动能的"先手棋"。

一是抢占发展制高点。新质生产力的形成和发展，要以源源不断的技术创新和科学进步作为支撑。因此，抢占发展制高点，必须重视基础研究和高新技术研发，加强知识产权保护，推动科技创新。同时要加强国际合作，处理好开放式创新与科技自立自强的关系，吸收全球先进技术和管理经验，提高自主创新能力。

二是培育竞争新优势。在新质生产力领域，中国已经取得了一定的发展，具备了较好的基础和条件，包括在人才、技术、资本等方面积累的优势，以及在市场规模、产业体系、创新生态等方面的优势。应持续优化营商环境，加强创新文化建设，全方位培养、引进、用好人才，提升产业经济的整体竞争力。

三是蓄积发展新动能。加快推进新质生产力的培育和发展，为实现高质量发展提供强大动力和支撑。在当前复杂多变的内外形势下，当务之急是千方百计激活创新主体，更加充分地发挥企业在科技创新和产业创新中的主体作用，使之成为创新要素集成、创新成果转化的生力军，打造科技、产业、金融等紧密结合的创新体系。

新质生产力与区域经济

从区域经济学视角看，新质生产力为什么较早在东北等地而不是在杭州提出来呢？可以说，这是从区域战略地位与现实问题出发，基于经济转型发展、创新驱动发展和区域协调发展等多重考量，进一步为相关区域乃至全国创新发展明晰行动方向。

显然，新质生产力驱动的"新经济"，截然有别于东北地区传统的"老工业"。对东北地区所代表的后发区域而言，加快转型是必答题。因此，面向未来，这些区域的发展引擎、创新动能和牵引力量加快向新质生产力转换、转移和集聚，可谓至关重要。

首先，经济转型发展的主要引擎亟须向新质生产力转换。东北地区作为中国的重工业基地，产业模式一直以来都以重工业、传统制造业等为主导。然而，随着国内外经济形势与发展格局变化，东北地区面临产业升级、创新发展等重要任务及严峻挑战。新质生产力对应的是新的生产方式、新的科学技术和新的产业形态，这正是东北地区经济转型所需要的发展模式。

其次，创新驱动发展的重中之重亟须向新质生产力转移。新质生产力强调的是创新和创造力，突出高质量发展新动能，这正是东北地区有待提升的核心竞争力。东北地区需要鼓励企业加大研发投入，推动技术创新和产业升级。

最后，区域协调发展的促进力量亟须向新质生产力集聚。随着中国经济进入新发展阶段，振兴东北地区日益成为区域协调发展的重要任务。促进区域协同创新、资源共享和优势互补等，也是新质生产力渗透和扩散的应有之义，这正是实现区域协调发展所需要的牵引力量。

从发展经济学视角看，新质生产力与新型工业化之间有着深刻关联。一个经济体实现工业化的过程，实质上是一系列重要的生产要素组合方式，连续发生由低级到高级的突破性变化，进而推动人均收入提高和经济结构转变的经济增长过程。由此看来，推进新型工业化的进程，就是加快形成新质生产力的过程。而加快形成新质生产力，增强发展新动能，强调以科技创新驱动产业创新，也是推进新型工业化的重要基础。

可以说，以科技创新为主导的新质生产力，是推进新型工业化的核心驱动；以数实融合和绿色智造为特征的新型工业化，则是加快形成新质生产力的主阵地。故此，应以加快形成更多新质生产力为目标，坚持深化改革、扩大开放，深入推动数实融合与绿色发展，开展重点领域关键核心技术攻关，提升产业体系自主可控能力，全面激发企业创新活力，促进各类企业优势互补、竞相发展。

与此同时，应着力补短板、锻长板，推进高端化、智能化、绿色化发展，增强高端产品和服务供给能力。要进一步发挥全国统一大市场的支撑作用，以主体功能区战略引导产业合理布局，用好国内国际两个市场两种资源，不断深入推进新型工业化，激发新质生产力的蓬勃生机。

"一核两翼"发展新质生产力

产业升级、科技创新和人力资本的跃升，构成新质生产力发展的"一核两翼"。

"一核"是产业升级。无论是提出"整合科技创新资源，引领发展战略性新兴产业和未来产业，加快形成新质生产力"，还是指出"积极培育新能源、新材料、先进制造、电子信息等战略性新兴产业，积极培育未来产业，加快形成新质生产力，增强发展新动能"，产业都是最重要的关键词。

从行业属性来看，一切利用新技术提升生产力水平的细分领域，都属于新质生产力的应用范畴，既包括新一代信息技术、新能源、新材料、先进制造、生物技术等战略性新兴产业，也包括人工智能、量子信息、工业互联网、卫星互联网、机器人等未来产业。

战略性新兴产业、未来产业，成为生成和发展新质生产力的主阵地。

现在大家讨论的"杭州六小龙"现象，必须用更大的视野来看。事实上，面对新一轮科技革命和产业变革的加速演进，各地需要大力推进新型工业化，将发展特色优势产业和战略性新兴产业作为主攻方向，积极促进数字化转型与智能化升级，加快改造提升传统产业，前瞻布局未来产业，走具备各自特色的现代化产业体系之路。

"两翼"一侧是科技创新发展。科技是第一生产力，没有科学技术突破就没有新质生产力，先进科技是新质生产力生成的内在动力。

社会生产力的增长，离不开科学技术的突破。每一次科学技术的突破，都是推动旧有生产关系逐步瓦解、新型生产关系逐步形成的动力来源。谁能抢占科学技术的制高点，谁就能占据竞争的主导地位。

新型生产关系的产生与新质生产力的生成，有赖于对技术价值作用的科学理解和深度挖掘。如今，一大批具有前瞻性、引领性、颠覆性的技术从研发到应用，加快形成具有新原理、新机理的新质生产力。

各地要做的，是坚持创新是第一动力，进一步突出企业的创新主体地位，鼓励企业在推进科技创新和科技成果转化上同时发力，形成更多新质生产力，塑造更多发展新动能新优势。

"两翼"另一侧是人力资本跃升。人才是第一资源，没有人力资本跃升就没有新质生产力，新型人才是新质生产力生成的决定因素。人是新质生产力的创造者和使用者，是生产力生成中最活跃、最具决定意义的能动主体。

当代科技应用推动生产形态向信息化和数智化转变，只有拥有较高的科技文化素质和智能水平，具备以信息技术为主体的多维知识结构，才能熟练掌握各种新质生产工具，构建信息化和数智化条件下的新质生产体系。

可见，掌握新质生产工具的人才是引领新质生产力发展的重要资源与推手。人力资本的积累和跃升，成为新质生产力中最积极、最活跃的因素。

当前，中国正处于经济转型和产业升级的关键阶段，牢牢抓住"一核两翼"，尊重市场，彰显法治，推动更高水平改革开放，持续焕发民营经济等各类创新主体活力，定能更快形成并更大释放新质生产力，为高质量发展提供有效支撑与持久动力。

以新质为支点推动高质量发展

面对新一轮科技革命和产业变革，"新质生产力"的提出为中国塑造高质量发展新动能新优势提供了科学指引。中央明确指出，发展新质生产力是推动高质量发展的内在要求和重要着力点，必须继续做好创新这篇大文章，推动新质生产力加快发展。

新质生产力与高质量发展的关系

新质生产力与高质量发展紧密相连、互相促进。新质生产力代表着先进的生产能力和创新的技术手段，是推动经济社会持续健康发展的强大动力。而高质量发展则是在新质生产力支撑下，实现经济结构优化、增长动力转换、发展方式转变的必然要求。

可从两个方面入手理解二者之间的关系。一方面，新质生产力是高质量发展的基础。没有新质生产力的培育和发展，就难以实现经济的高质量发展。新质生产力的核心在于创新，包括科技创新、模式创新、管理创新等，创新能够带来更高效的生产方式、更优质的产品和服务，从而推动经济社会的持续进步。在诸多创新中，科技创新是关键，要以科技创新引领现代化产业体系建设，以科技创新推动产业创新，特别是以颠覆性技术和前沿技术催生新产业、新模式、新动能。

另一方面，高质量发展也是新质生产力得以充分发挥的保障。高质量发展要求在追求经济增长的同时，更加注重经济的质量和效益，因此要进一步聚焦绿色发展与数智未来，加力发展人工智能和数字经济，从而更好地锚定战略性新兴产业和未来产业。这也意味着，应当通过深化改革、优化环境、提高人才素质等措施，为新质生产力发展提供良好的土壤和条件，为经济社会发展注入源源不断的动力。

因此，加快培育新质生产力，促进高质量发展，是当前和今后一个时期的重要任务。各地各部门需要准确把握新质生产力和高质量发展之间的内在联系，制定切实有效的政策措施，以新质生产力为支点推动高质量发展。

培育新质生产力存在的堵点卡点

发展新质生产力，必须进一步全面深化改革，形成与之相适应的新型生产关系。要深化经济体制、科技体制等改革，着力打通束缚新质生产力发展的堵点卡点。那么，目前在培育新质生产力过程中存在哪些堵点卡点？

一是经济体制方面的束缚。当前，中国市场经济体制还不够完善，存在市场准入门槛高、行政审批烦琐、政策落实不到位等问题。这些问题限制了市场经营主体的活力和创造力，影响新质生产力的发展。

二是科技体制方面的制约。科技创新是新质生产力发展的重要支撑，但当前科技体制还存在一些不利于创新的问题。比如，科研管理机制不够灵活、科技评价标准不够科学、科技成果转化难等。这些问题导致科技创新资源配置优化不够、创新效率不高。

三是人才方面的短缺。新质生产力的发展需要大量高素质的人才作为支撑，但当前的人才队伍建设还存在一些短板，比如高端人才短缺、人才培养机制不够完善、人才流动不够顺畅等。这些问题限制人才资源的充分利用和发挥。

针对以上堵点卡点，需要进一步深化经济体制改革，完善市场经济体制，降低市场准入门槛，简化行政审批程序，加强政策落实力度。同时，还应深化科技体制改革，优化科研管理机制，完善科技评价标准，促进科技成果转化。此外，还要加强人才队伍建设，培养更多高素质的人才，完善人才培养机制，促进人才流动和优化配置。唯其如此，方可打通束缚新质生产力发展的堵点卡点，以新质生产力为支点推动高质量发展。

原创性颠覆性创新需要的环境

科技创新是推动新质生产力发展的核心要素，对于催生新产业、新模式、新动能具有决定性作用。在此过程中，政府、企业、高校院所都扮演着重要角色，需要共同努力。

政府应发挥引导作用，制定并实施有利于科技创新的政策措施。包括提供财政支持、税收优惠等激励措施，鼓励企业加大研发投入；加强知识产权保护，为创新者提供法律保障；推动产学研一体化发展，促进科技成果转化等。与此同时，应营造良好的创新环境，包括简化审批程序、降低市场准入门槛、加强公共服务等，为科技创新提供便利条件。

企业应成为科技创新的主体力量，发挥市场机制在资源配置中的决定性作用。企业要加强自主研发能力，提升产品质量和服务水平；积极探索新的商业模式和经营方式，拓展市场空间；加强与高校院所的合作，共同推动科技创新和成果转化；培养一支高素质的创新人才队伍，为科技创新提供人才保障。

高校院所则是科技创新的重要源泉之一，需要发挥人才和科研优势，为科技创新提供有力支撑。高校院所要加强基础研究和应用研究，探索未知领域和前沿技术；推动学科交叉融合和协同创新，形成多学科联动的创新体系；加强科技成果转化和人才培养工作，为经济社会发展提供有力支持。

原创性、颠覆性科技创新，离不开一个更加开放、包容、协同的创新环境，需要政府、企业、高校院所等多方共同努力。政府应加大对原创性、颠覆性科技创新的支持力度，鼓励探索未知领域和前沿技术；企业要敢于冒险、勇于创新，积极探索新的商业模式和经营方式；高校院所应加强学科交叉融合和协同创新，培养更多具有创新精神和实践能力的人才。同时，还要加强国际合作与交流，借鉴国际先进经验和技术成果，推动科技创新的全球化发展。

在相关支撑方面，原创性、颠覆性科技创新有赖于完善的科技创新体系、高素质的创新人才队伍、充足的研发投入以及包容的创新文化氛围等。只有这些方面得到全面加强和提升，才能为原创性、颠覆性科技创新提供有力支撑与保障。具体来说，需要建立完善的科技创新体系和机制，包括科研管理机制、成果转化机制、创新激励机制等；培养一支高素质的创新人才队伍，包括科研人员、工程师、创业家等；加大研发投入力度，提高科研设备和实验室的建设水平；营造良好的创新文化氛围，鼓励创新思维和冒险精神等。

发展新质生产力，关键要把科技创新成果应用到具体产业和产业链，改造提升传统产业，培育壮大新兴产业，布局建设未来产业，完善现代化产业体系。实现科技创新成果转化是科技创新从理论走向实践、从实验室迈向市场的关键一跃，为此需要把握几个核心环节。首先是市场定位与需求分析，在研发初期就深入市场进行调研，明确技术应用的行业领域、市场规模和竞争态势，确保科技成果与市场需求的高度契合。其次，需要做到产学研深度融合，高校、科研院所和企业之间要建立紧密的合作关系，形成创新链条的有机衔接。最后，还需要金融支持和政策引导。例如，设立专项资金支持科技成果的转化应用，并通过税收、贷款等优惠政策引导社会资本参与科技创新活动。

新质生产力呼唤新型生产关系。要进一步深化改革开放，打通束缚新质生产力发展的堵点卡点，释放新动能和新活力，为原创性、颠覆性科技创新提供良好环境，以新质生产力为支点推动高质量发展。

"改革—开放—创新"动力学

当前，经济形势仍然复杂严峻，不稳定性和不确定性较大，必须科学分析形势、把握发展大势，坚持用全面、辩证、长远的眼光看待当前的困难、风险和挑战，把发展新质生产力放在全局视野下来把握。应当遵循"改革—开放—创新"的动力学逻辑，通过提升改革牵引力、强化开放支撑力、加大创新驱动力，多策并举，千方百计把企业等经营主体的创新活力激发出来，为产业高质量发展积蓄基本力量。

提升改革牵引力，为激活创新营造良好环境

经济发展归根结底是靠市场运行的，要通过提升改革牵引力积极培育创新主体，持续激发创新主体活力。在这一过程中，不仅要为企业输血，更要促进企业自我造血。除了实施减税降费等纾困措施和扶持政策外，尤为重要的是处理好政府与市场的关系。

一方面，要充分发挥市场在资源配置中的决定性作用，实现产权有效激励、要素自由流动、价格反应灵活、竞争公平有序、企业优胜劣汰，最大限度减少政府对市场资源的直接配置和对企业经济活动的直接干预，增强微观经济主体活力。

另一方面，还要更好发挥政府作用，坚持竞争中性原则，保障不同企业平等获取生产要素，尤其要创造良好的营商环境，给民营企业更多发展空间。

从本质上说，改革就是调整生产关系的过程。只有全面深化改革，才能塑造出新型生产关系，为新质生产力的持续发展保驾护航。

强化开放支撑力，促进企业在开放中增活力

当前，中国正在构建新发展格局，以国内大循环为主体，绝不是放弃国外市场，更不是封闭的内部循环。推动国内国际双循环相互促进，扩大开放是出路，促进企业在更高水平对外开放中增强活力是重点。

要坚持扩大开放，让一些经营主体尤其是外向型企业在考虑出口转内销的同时，积极拓展国际市场；放宽市场准入，全力打造市场化、法治化、国际化营商环境，保障外资企业公平参与市场竞争，让外商和外资企业对中国市场更有信心，在更高水平的对外开放中增强企业活力。

还要看到，推动"一带一路"高质量发展，能为企业带来更多机会，要积极引导企业"走出去"开展国际合作，以新姿态加入新一轮国际产业链、价值链、供应链竞争当中，形成新的国际合作与分工。

加大创新驱动力，推动企业在创新中强内功

当前，新一轮科技革命和产业变革加速演变，加快提高创新能力紧迫性

凸显。中国已进入高质量发展阶段，支撑发展的要素条件发生深刻变化，实现依靠创新驱动的内涵型增长，大力提升自主创新能力，尽快突破关键核心技术，既关系到发展全局，也是形成以国内大循环为主体的关键。

要充分认识到，作为持续推动创新创造生力军的企业，才是创新的关键主体和主要力量。因此，要进一步加强战略联动，推动企业在创新中发挥更大作用。

具体来说，一是瞄准技术前沿，鼓励和引导行业优势企业自主开展应用基础研究，提高企业的原始创新能力，加快突破关键核心技术。二是构建以企业为主体、产学研深度融合的技术创新体系，合理确定大学、科研院所和企业在创新体系中的定位，完善产学研合作的利益机制。三是着眼于数字经济、生物科技、新能源、新材料等战略性新兴产业发展，鼓励各类企业合作创新，形成产业链上下游、大中小企业协同创新生态系统。

此外，需要强调的是，企业家创新活动是推动企业创新发展的关键。要弘扬企业家精神，营造良好环境，鼓励企业家做创新发展的探索者、组织者、引领者，勇于推动生产组织创新、技术创新、市场创新，重视技术研发和人力资本投入，有效调动员工的创造力，努力把企业打造成为强大的创新主体，从而为构建新发展格局提供有力支撑，为推进高质量发展积蓄持续动能。

延伸阅读·杭州实践

新质生产力与双循环共同构成了城市发展的两大动力机制。在新时代的发展赛道上，杭州秉持创新驱动、协同发展新理念，正在跑出新质生产力的加速度，新科技、新产业融合兴盛，构筑起发展的新优势。

2025年1月24日，杭州"全市打造更高水平创新活力之城、因地制宜发展新质生产力"动员部署会召开，提出大兴科技、大抓创新、大力发展新质生产力，加快打造更高水平创新活力之城，因地制宜发展新质生产力，努力在以科技创新塑造发展新优势上走在前列。会上解读了《关于打造更高水平创新活力之城，因地制宜发展新质生产力的行动方案（征求意见稿）》，强调要增强科技硬实力、激活科技创新力、强化科技引领力，让创新成为杭州最鲜明的城市气质、产业特质。

在培育新质生产力方面，杭州以创新为引擎，大力推动科技创新资源整合，构建起以企业为主体、市场为导向、产学研深度融合的技术创新体系。例如，积极引导企业加大研发投入，支持企业与高校、科研机构共建研发平台，促进科技成果转化。以"杭州六小龙"为代表的科技企业，在各自领域不断突破，展现出强大的创新活力。这些企业借助杭州完善的创新生态，在人工智能、机器人等新兴技术领域深耕细作，为新质生产力发展注入强劲动力。

在融入双循环新发展格局方面，杭州设定了推进高水平对外开放、建设高能级开放强市的阶段性工作目标：到 2027 年，高能级开放强市建设取得明显成效，资源配置力、全球辐射力、制度创新力、国际竞争力显著增强；到 2030 年，货物贸易、服务贸易、数字贸易和实际利用外资规模稳定增长、结构优化，跨境电商出口规模较 2027 年再翻一番，制度型开放走在全国前列，基本建成高能级开放强市；到 2035 年，全面建成高能级开放强市，国内国际双循环战略枢纽地位和高水平对外开放优势牢固确立。

杭州的更多实践，正为城市发展带来诸多启示。城市在培育新质生产力时，应重视创新生态建设，强化企业创新主体地位，引导各类创新要素向企业集聚，激发企业创新活力。在融入双循环方面可借鉴杭州经验，一方面加大新基建投入，推动传统产业数字化转型，促进消费升级；另一方面，积极营造国际化营商环境，鼓励企业拓展海外市场，加强国际合作与交流，实现国内国际双循环相互促进，推动城市经济高质量发展。

第五章
科创引领与数智赋能

　　杭州以其卓越表现，展现出一幅由科创引领、数智赋能所勾勒的繁荣发展画卷，为各地城市提供了可资借鉴的生动样本。

　　科技创新是城市发展的强劲引擎，源源不断地为城市注入新的活力与竞争力。从前沿科技的研发突破到新兴产业的培育壮大，科技创新重塑着城市的经济版图。与此同时，数字智能技术正全方位地改写着城市发展的轨迹。在这一时代浪潮下，城市若想在激烈的竞争中脱颖而出，就必须紧握科创引领与数智赋能这两大关键要素。

　　为此，需要进一步跨越城市的边界，从更宏阔的视角剖析科创引领与数智赋能对经济发展意味着什么，从而使各地可以更好地立足自身实际，强化科技创新能力，加速数字智能技术的应用与融合，以此推动城市在产业升级、社会治理、民生改善等诸多方面实现跨越式发展，开启城市高质量发展的新征程。

推进新基建与新消费同频共振

2024 年政府工作报告明确提出："实施产业创新工程，完善产业生态，拓展应用场景，促进战略性新兴产业融合集群发展。巩固扩大智能网联新能源汽车等产业领先优势，加快前沿新兴氢能、新材料、创新药等产业发展，积极打造生物制造、商业航天、低空经济等新增长引擎。"2025 年政府工作报告进一步提出："深入推进战略性新兴产业融合集群发展。开展新技术新产品新场景大规模应用示范行动，推动商业航天、低空经济、深海科技等新兴产业安全健康发展。"

当前，国内不少新兴产业颇具发展优势，无论在市场、产品、技术还是就业、效率等方面，皆有较大增长潜力。以新技术、新产业、新业态、新模式为代表的新经济、新动能不断成长壮大，投资结构和供给结构加速优化，主导未来市场的产业格局越发清晰。

科创引领、数智赋能新兴产业

产业是经济发展的关键所在，新兴产业则是关键中的关键。要收获更大的新兴产业"大周期"新红利，必须依靠科创引领、数智赋能，着力推进消费内循环和科技内循环。在此过程中，通过新一轮改革开放，练好内功，实现消费、制造、科技、投资、服务、金融等全方位循环，释放未来内需潜力。

消费是经济大循环的"压舱石"。在稳定外部需求的同时，要以满足国内需求为出发点和落脚点，着力打通国内生产、分配、流通、消费各个环节。尽管中国传统人口优势正在消退，但在提升人力资本、新型城镇化以及数字经济等新技术、新产业领域，还有可挖掘的巨大潜力。线上线下融合创新催生的消费新业态新场景，供应链整合和渠道营销创新带来的消费新模式新服务，正在成为推动消费升级和经济高质量发展的新动能与新力量。

科技是经济大循环的"驱动器"。新一轮科技革命和产业变革方兴未艾，数据成为举足轻重的新生产要素，要在新基建牵引下大力发展数字经济，运用大数据、人工智能、物联网、区块链、云计算等新技术，以数字化转型和智能化升级为抓手，补短板与锻长板齐头并进，助推产业链向中高端跃迁。而在此过程中，一方面，应加快突破硬核科技和"卡脖子"技术，实现自主可控；另一方面，要将产业基础再造与产业链提升结合起来，巩固传统产业优势，强化优势产业领先地位。

从微观机理来看，受外部形势等变量影响，短期的需求萎缩可能是需求的变化或转移，比如由线下转向线上，以及品类或平台间的转移。因此，通过"四维整合"即有效整合和运用好相关政策、技术、模式、场景等要素，通过改革创新激发市场主体活力、提高企业供给能力，满足用户的独特价值需求，成为保持战略定力、挖掘内需潜力的关键恒量，也是企业和城市在双循环格局下赢得先机的不二法门。

倘若说，科创引领旨在提高企业的技术含量和产品质量，数智赋能则有望在全生命周期中促进企业降本增效，二者共同推动产业转型升级。但要注意的是，对新兴产业尤其是以中小企业为代表的市场主体来说，如何避免盲目追求数字化，也是一个需要考量的问题。

数智赋能贯穿于数字化转型全过程。其核心在于，发挥数据要素对经济发展的放大、叠加、倍增作用，赋能企业在降低运营成本、加速流程再造、提升生产效率等方面获得全要素、全周期、全链路的红利。但对中小企业而言，决不能盲目追求数字化，应遵循经济发展规律与产业内生逻辑，科学评估自身是否具备数字化转型所需的行业经验、管理水平、人才梯队、价值导向和信息化基础，坚持实事求是和量力而行，避免为了数字化而数字化。

在此基础上，应着眼于企业降本提质增效，以绿色发展为出发点、高质量发展为目标，提高全要素生产率、产品附加值和市场占有率，促进企业流程再造和供应链协同创新，加快产业迭代兴替，真正实现转型升级。

新基建与新消费加速同频共振

处于"大周期"的新兴产业发展趋势，主要表现为五个方面的持续深化：一是新技术驱动；二是新需求牵引；三是新基建支撑；四是新模式迭代；五是新场景落地。新兴产业的发展成果，最终还是要反映到消费上来。可以说，新兴产业本身涵盖的是从前端基建到终端消费的整个市场大链条，而畅通产业链、供应链、价值链的关键在于促进新基建与新消费的同频共振。

如果说，作为新一代信息基础设施建设的代表，新基建是促进科技和消费创新的驱动器，那么，新消费则是进一步稳住和夯实经济发展基本盘的压舱石。新基建与新消费何以实现同频共振？主要是基于二者共同的数字内核和智能机理，加速产业数字化、网络化、智能化发展，提高全要素生产率、产品附加值和市场占有率，促进企业流程再造和供应链协同创新，加快产业迭代兴替。

具体而言，在新兴产业的发展过程中，新基建具有两个方面的意义和价值。一是新基础设施与新生产要素、新市场主体、新协作方式、新治理体系等一起，共同构成了新经济发展的五大动力来源，新基建居于其中的基础位置，主要建设内容就是新经济基础设施，尤其是面向"云、网、端"即以5G、人工智能、工业互联网、物联网等为代表的信息化、数字化、智能化基础设施。二是其有助于应对全球经济衰退对中国的传导性影响以及自发性影响。从短期来看，最大考量就是新基建能否拉动大量需求，以对冲外部影响和经济下行压力，实现稳投资、稳增长、稳就业等目标。

随着数字化和智能化发展的黄金时代即将到来，以新基建与新消费为需求载体，为供给侧改革、需求侧管理和制度创新赋能，将进一步打破传统物理边界和要素市场化体制机制约束，实现资源优化配置、产业深度融合、治理能力提升；以新消费和新基建为市场两翼，推动产业融合创新和数字化转型，将不断构筑以新基础设施为运行基础、新生产要素为内在源泉、新市场主体为有生力量、新协作方式为组织形态、新治理体系为长效支撑的新经济生态系统。

在新基建的环境下，消费端将产生积极变化。举个例子，对企业而言，5G直接带来的效用是带宽与传输效率的大幅上升，比如直播行业和短视频社交，其成本最高之处是摊付越来越高的带宽费用，而5G的普及会大幅降低网络延迟，相对带宽成本也会大幅下降，在为企业减轻成本压力的同时提高效率。而对消费者来说，新基建支撑的 AI、5G、数据处理等将惠及普通生活服务，也将更懂消费者心理，根据消费者需求倒逼生产者生产符合 to C 需求的产品，然后继续向上游逆向重塑供应链，这也是 to B 领域的下一个十年以及新消费的逻辑起点。

当然，新基建与新消费加速同频共振，在可能带来百万亿级大市场的同时，也有望形成以改革为新经济拓空间、以新经济为改革添动力的可持续良性互动新格局。

激发政策与市场双轮驱动力

新兴产业如何更好地行稳致远？重在激发政策与市场的双轮驱动力。

各地在执行过程中要尽量留意以下三个方面。在新赛道布局方面，应避免短期思维和重复投资。要以战略眼光、前瞻思维和差异化策略，抢抓核心技术与知识产权，基于各自的资源禀赋及优势，布局本地新兴产业重点技术方向和发展领域。在新主体培育方面，应避免只重技术不重人的倾向。要坚持以人为本，为人才创新创业、安居乐业创造良好环境，弘扬企业家精神，涌现一批耕耘新兴产业的科创企业家。在新场景供给方面，应避免与中长期发展需求脱节。要打造适合新兴产业发展的赛场和场景，以较大的潜在市场需求为牵引，搭建产业新生态载体，优化场景供给流程，形成产品接入、场景实测、推广示范的全流程场景生长链条，加速技术转变为现实生产力。

与此同时，新兴产业发展进入"大周期"，这也意味着内外环境面临巨大不确定性，有时和风细雨，有时惊涛骇浪。但对科技含量高的新兴产业相关企业而言，这恰恰是亮功底、展实力、见真章的关键窗口期。要以科技创新为关键变量，准确识变、科学应变、主动求变，锚定新兴产业核心价值，在创新中穿越周期，在发展中规避风险。

具体而言，包括以下三个要点。一是"放大格局，提升使命"，立足国家战略需求和新发展格局谋求发展。企业的底座是商业和人，塔尖则是格局使命与战略定力，外部越混沌，内在必须越笃定。二是"死磕痛点，创变价值"，善于捕捉用户不断转移的痛点，创新商业模式以满足其实际需求与独特体验，持续做商业社会的造物者和创变者。三是"抱团取暖，众'智'成城"，单打独斗还能生存的时代一去不复返，应和衷共济，与智者同行、与善者同频、与高人为伍、与贤良共生，与产业链上下游携手协同。

唯其如此，新兴产业发展才能"避险于未发，制胜于无形"，从容应对市场和外界未知的危与机。

构建有利于创新的综合生态系统

在科技创新与新质生产力之间，有着密不可分的内在关联。科技创新是推动社会生产力发展的关键动力，通过源源不断的技术研发和创新实践，引领生产力的革新与升级，从而催生出新的生产力形态，即新质生产力。而新质生产力以全要素生产率大幅提升为核心标志，具有高科技、高效能、高质量特征，表现为"两高两低"，即高科技含量、高附加值、低资源消耗和低环境污染，代表了先进生产力的发展方向。

科技创新通过引入新的技术、工艺和设备，优化生产流程，提高生产效率，降低生产成本，从而推动产业升级和转型。同时，科技创新还带来新的产品和服务，满足人们日益多样化的需求，进一步促进生产力的提升。这种由科技创新驱动的生产力发展，不仅能够增强经济的活力与竞争力，也能为社会的可持续发展提供有力支撑。

因此，科技创新与新质生产力之间存在着相互促进、共同发展的关系。科技创新是推动新质生产力发展的核心动力，而新质生产力又为科技创新提供了更广阔的发展空间、更丰富的应用场景和更有效的资源支持。这种良性互动是推动经济发展和社会进步的可持续机制。

实现科技创新突破的关键

结合国际经验看，实现科技创新突破的关键在于构建一个有利于创新的综合生态系统。这个生态系统需要融合制度支撑、金融资本、科研实力、市场机制和人才培养等多方面要素。

制度支撑是实现科技创新的基石，包括有利于激发创新的科技体制、法治保障与文化氛围。在此基础上，政府需要提供税收减免、资金扶持等政策措施，为科技创新创造良好的外部环境。以美国硅谷为例，政府的税收优惠和研发投入政策为科技创新提供了强大的动力。金融资本也至关重要，科技创新需要大量的研发资金，要求有一个完善的金融体系和资本市场来提供必要的资金支持。风险投资和私募股权等机构在科技创新过程中扮演重要角色，为初创企业和创新项目提供宝贵资金。

科研实力是实现科技创新的核心，离不开高水平的研发团队和先进的实验设施。如麻省理工学院、斯坦福大学等顶尖学府，通过产学研结合，不断将科研成果转化为实际产品，推动科技创新不断发展。市场机制则是科技创新的催化剂，一个完善的市场机制能有效地将科技创新成果转化为经济价值，进而激励更多创新活动。人才培养则是实现科技创新的源泉，需要不断培养具有创新意识和实践能力的人才。要通过教育改革和职业培训，努力培养具备科学素养和创新精神的人才，为科技创新提供源源不断的动力。

构建一个融合政策支持、资金投入、科研实力、市场机制和人才培养的综合生态系统，是实现科技创新突破的关键。这些因素相互作用，共同推动科技创新持续深入。

当前，以银行信贷为代表的间接融资模式与科创企业的匹配度不高，这主要是由于科创企业往往具有高风险、高成长性的特点，而传统的银行信贷更注重稳健性和风险控制，倾向于为有稳定现金流和可抵押资产的企业提供贷款。科创企业，尤其是在初创期的科创企业，往往缺乏足够的抵押物和历史信用记录，难以满足银行信贷的严格要求。此外，科创企业的研发周期长、市场前景不确定，也增加了银行信贷的风险。由此，间接融资模式在支持科创企业融资方面存在一定的局限性。

商业银行等金融机构在针对科技型中小企业的特点完善创新支持体系时，应重点考虑以下几个方面：一是建立专门针对科技型中小企业的风险评估模型，以便更准确地评估其信贷风险；二是创新金融产品，如开展知识产权质押融资、应收账款融资等，以适应科技型中小企业的融资需求；三是加强与政府、担保机构等合作，共同分担风险，提升科技型中小企业的融资可获得性；四是优化内部流程，提高审批效率，降低科技型中小企业的融资成本和时间成本。通过这些措施，商业银行等金融机构可以更好地支持科技型中小企业的发展，进而促进科技创新和产业升级。

尽管以银行信贷为代表的间接融资模式在支持科创企业方面存在局限性，但通过创新和完善支持体系，商业银行等金融机构仍然可以在科创企业融资中发挥重要作用。这就需要金融机构转变传统观念，积极探索适应科创企业发展的新模式与新路径。

多方面发挥好直接融资的作用

从全球科技创新企业的发展历程来看，大力发展直接融资，特别是股权融资，已被证明是满足企业创新活动融资需求的有效路径。直接融资能够为企业提供更为灵活和长期的资金支持，降低企业的财务杠杆，同时也有助于分散风险，激发投资者的参与热情。

要发挥好直接融资的作用，需从多方面入手。第一，深化资本市场改革是关键。应进一步完善包括主板、创业板、科创板等在内的多层次资本市场体系，为不同阶段、不同规模的科技创新企业提供多样化的融资渠道，并持续优化上市制度和退市机制，确保资本市场的活力和效率。第二，加强投资者教育是基础。提高投资者的风险意识和投资能力，有助于他们更加理性地参与股权投资，为科技创新企业提供稳定的资金支持。通过普及金融知识、开展投资者教育活动，可以培养一个成熟、理性的投资者群体。第三，强化信息披露和监管是保障。建立健全信息披露制度，确保科技创新企业及时、准确、完整地披露相关信息，有助于投资者作出明智的投资决策。同时，加强对资本市场的监管，打击违法违规行为，保护投资者的合法权益，也是必不可少的环节。

通过深化资本市场改革、加强投资者教育和强化信息披露与监管，可以更好地发挥直接融资在支持科技创新企业中的重要作用，将为科技创新提供源源不断的资金支持，推动中国经济加快实现高质量发展。

如今，中央强调支持初创期科技型企业的重要性，并倡导建立以股权投资为主导，结合贷款、债券和保险等多元化金融服务的支撑体系。在这一体系中，不同类型金融机构的联动至关重要，但随之而来的问题是如何在这一联动中妥善安排收益的共享与风险的共担。

收益的共享应基于各金融机构在融资服务中的实际贡献。例如，股权投资机构可能会承担更高的风险，因为它们在企业初创期就进行了投资，理应获得与风险相匹配的较高收益。而银行和保险公司可能在后期提供贷款和担保服务，其收益分享应与其所承担的风险和服务成本相匹配。

针对风险的共担，需要构建一种精细化的风险评估和管理机制。初创期科技型企业的不确定性和风险性较高，因此，金融机构应通过多元化投资组合来分散风险。同时，引入风险准备金和再保险等机制，可以在出现风险事件时，为金融机构提供一定的风险缓冲。

此外，利用大数据和人工智能等先进技术，对初创企业进行更深入的风险评估和监测，也是妥善安排风险共担的重要手段。这些技术可以帮助金融机构更准确地预测和识别风险，从而作出更为明智的投资决策。

妥善安排收益的共享和风险的共担，需要金融机构之间紧密合作、建立科学的风险评估机制以及利用先进技术进行风险管理。只有这样，方可在支持初创期科技型企业的同时，确保金融系统的稳健和可持续发展。

充分运用数智技术赋能作用

科技创新与金融创新相辅相成，两者在推动经济高质量发展的过程中均扮演着举足轻重的角色。在为科技创新和经济高质量发展提供更加高效适配的服务时，金融机构必须大力加强对现代科技的运用。

金融机构应充分运用大数据和人工智能技术，对海量的金融数据和经济信息进行深度挖掘和分析，如此既能帮助金融机构更精确地评估风险、定价资产，还能为投资者提供更加个性化的金融产品和服务。例如，基于大数据的信用评分模型，可以实现对中小企业的快速信贷评估，解决其融资难的问题。

区块链技术也是金融机构应加强运用的现代科技之一。区块链的去中心化、数据不可篡改等特点，能大大提高金融交易的透明度和安全性。金融机构可以利用区块链技术来优化支付、清算等业务流程，降低操作风险，提高服务效率。

此外，金融机构还应积极探索云计算、物联网等新兴科技的应用。云计算能够为金融机构提供弹性可扩展的计算资源，降低 IT 成本；而物联网技术则有助于实现对抵押物的实时监控和管理，减少信贷风险。

在加强现代科技运用的过程中，金融机构应紧密结合自身业务特点和市场需求，不断创新服务模式，提升金融服务的智能化、便捷化水平。唯其如此，金融机构才能更好地服务于科技创新和经济高质量发展，实现金融与科技的双向奔赴与深度融合。

科技产业金融相结合的创新体系

2023 年 4 月，二十届中央全面深化改革委员会第一次会议审议通过《关于强化企业科技创新主体地位的意见》，强调要聚焦国家战略和产业发展重大需求，加大企业创新支持力度，积极鼓励、有效引导民营企业参与国家重大创新，推动企业在关键核心技术创新和重大原创技术突破中发挥作用。

《中共中央 国务院关于促进民营经济发展壮大的意见》进一步把作为市场经营主体和产业创新主体的民营企业定位为"推进中国式现代化的生力军"。在这份有"民营经济 31 条"之称的重磅文件中，"创新"一词出现了20 次，并专门将支持提升企业创新能力的相关内容单列一条予以阐述。这也彰显了在当前复杂多变的内外形势下，当务之急是千方百计地激活创新主体，更加充分地发挥企业在科技创新和产业创新中的主体作用，使之成为创新要素集成、创新成果转化的生力军，打造科技、产业、金融等紧密结合的创新体系。

创新为产业发展提供有力支撑

作为引领发展的"第一动力"，创新是建设现代化产业体系的战略基础，持续为经济高质量发展提供有力支撑。创新对产业发展的支撑作用，体现在提高资源配置效率、加快产品质量提档、推动产业结构升级等方方面面。

创新提高资源配置效率。创新能够带来新的生产方式和管理手段，提高生产效率和质量，并降低成本，从而改变传统的资源配置方式，提高资源的利用效率。而推动经济高质量发展，关键恰恰在于优化资源配置效率，提高全要素生产率水平。创新产生新技术、新方法，提升生产效率，让同样的资源产生更大的效益，同时，创新的空间集聚效应会吸引不同主体，产生空间外溢效应，助力各主体利用集聚的要素资源整合优化研发设计、原材料供应、加工制造、市场营销等环节。

创新加快产品质量提档。创新能够改变资源的组合方式，提高生产工艺水平并开发出新的产品和服务。新材料研发创新、技术工艺创新推动产品向智能高效、绿色低碳、个性化定制等方向转变，不仅能够提高企业生产效率，而且能够增强产品的可靠性和稳定性，从而提升产品质量与安全性能；同时，数字技术创新和管理创新能够改善产品的设计水平，助力企业提高研发设计、管理决策的精确度，优化生产工艺方法，使产品更加符合市场需求，让供给和需求更加精准适配，从而加快产品质量提档升级。因此，创新可以加快产品质量提档，推动产品升级换代和市场竞争力提升。

创新推动产业结构升级。创新能够使资源利用更为高效，从而改变传统产业结构，促进新兴产业发展，推动产业转型升级。创新的深入对产业结构的调整具有积极的推动意义。一方面，创新赋能传统产业转型升级。创新能够促进传统产业改进技术工艺，增加产品功能和安全性，持续提升产业基础高级化、产业链现代化水平。另一方面，创新能够推动新兴产业发展壮大。技术创新及其产业化应用将加快新一代信息技术、人工智能、绿色低碳、新能源、新材料、高端装备制造等战略性新兴产业的发展，促进产业结构优化升级，为经济增长注入新动力。因此，创新能够促进产业结构升级，推动经济发展和社会进步。

创新主体是创新创造的生力军

创新是一个创造并应用新知识、新技术和新工艺，采用新生产方式与新管理手段，开发和生产新产品、新服务，直至实现新价值、形成新产业以及创新生态的复杂系统。这样一个动态的过程，可以用"创新产品—市场主体—创新生态"的良性循环来予以概括。

在这个动态过程中，创新无处不在。一是创造新知识、新技术和新工艺。这是创新的基础，需要通过研究、开发和实验等手段来实现。二是开发新产品和新服务。在掌握了新知识、新技术和新工艺的基础上，需要设计并开发出新的产品和服务，以满足市场需求。三是采用新生产方式和新管理手段。通过引入新的生产方式和管理手段，可以提高生产效率和质量，降低成本。四是实现新价值、形成新产业。通过将新产品和服务推向市场，实现新的价值创造，并可能带来新的产业形态，形成一个持续突破行业边界、不断探索价值共享的多元化创新生态。

创新主体是创新活动的主导力量。凡是具有创新能力和创新意识的个人、组织或企业，皆在广义的创新主体之列。正是由于创新是一个复杂的系统过程，因此需要由企业、政府、高校和科研机构等各方协同合作。只有各方面资源得到充分利用和整合，才能实现创新最终的目标与效能。

在现代社会中，企业通常是创新创造的主力来源，尤其是在技术创新和产业创新中，企业日益发挥着至关重要的作用。作为市场经营主体，企业拥有资源和能力来研发新产品、新技术和新服务，通过不断创新来提高竞争力，扩大市场份额，实现可持续发展；政府是创新活动政策制定的主体；高校和科研机构则是科学进步的主体。它们都扮演着不可或缺的角色，各自通过政策、资金和技术支持等手段，来推动创新不断走深走实。创新主体的积极参与和推动，是创新生成并熠熠生辉的重要保障。

聚焦产业发展，产业创新系统的本质是把企业、高校、科研机构等创新主体与产业链上下游各个环节的创新活动联系起来，以技术创新为核心，推动新技术、新知识、新工艺的产生、流动、更新和转化，促进企业创新能力的形成和产业竞争力的提升。直接参与创新活动的企业、高校、科研机构，对创新而言都是不可或缺的，是推动创新的主要力量。

不过，高校、科研机构偏向于科学创新，为技术创新提供源泉和基础，大多强调技术指标的先进性，追求科研成果，忽视市场需求，难以转化为有效的生产力。而在产业发展过程中，创新主体中最关键的是担当技术创新体系主体的企业。在技术创新体系中，企业既是技术创新成果的主要产出者，也是创新成果转移转化的主要承载者。作为市场经济体中最基本的微观经济运行主体，企业是市场上各生产要素的供给者或购买者，同时也是其生产者或销售者，最了解市场需求和产业发展趋势，具有更强的市场敏感性和盈利动机，能够发现技术的商业用途，使之转化为现实价值。正因如此，在角色各异的众多主体当中，正是企业，也只有企业，才能够真正把握技术创新和产业创新的市场方向。

激发创新主体能动性是关键抓手

创新主体是创新活动的直接承担者，其活力、动力直接决定创新发展的整体效能。大力实施创新驱动发展战略，以技术创新为引领，通过强化创新主体地位、促进产学研深度融合、提高政策支持力度、营造良好创新生态等方式，激发创新主体自主创新的活力与能动性，持续高效推动创新，扩大创新成果增量并提升创新成果转移转化效率，引领现代化产业体系建设，助力经济高质量发展。

作为创新主体与创新创造的生力军，企业的能动性包括在创新过程中的主动性、积极性和创造性。激发创新主体的能动性，就是充分发挥市场经营主体在创新活动中的企业家精神，让市场在资源配置中起决定性作用，源源不断地推动创新发展。

首先，激发创新主体的能动性，有利于提高创新效率。创新主体在创新过程中有着不同的利益和目标，如果没有足够的激励，可能会消极应对创新任务，导致创新效率低下。要通过激发创新主体能动性，调动其积极性和创造性，使之更加主动地投入创新工作，积极作为，持续提高创新效率。

其次，激发创新主体的能动性，有利于优化创新资源配置。创新资源包括人才、资金、技术、数据等生产要素，只有将这些资源配置到最需要的地方，才能最大程度地发挥其作用。要通过激发创新主体的能动性，让其更加明确自己的创新目标和需求，从而更加精准地配置创新资源，提高资源利用效率。

再次，激发创新主体的能动性，有利于培育创新文化。创新文化是一种鼓励创新、宽容失败、追求卓越的文化氛围，只有在这种文化氛围中，创新主体才能更加自由地思考与自主探索，不断推动创新发展。通过激发创新主体的能动性，可以促使其更加积极地参与创新活动、分享创新经验、培育创新文化。

最后，激发创新主体的能动性，有利于形成创新合力。创新需要各方面力量的共同推动，只有让创新主体充分发挥自己的作用，才能形成创新合力。

通过激发创新主体的能动性，可以使之更加紧密地合作，共同解决创新难题，一起推动创新发展。

由此可见，激发创新主体的能动性是推动创新的关键抓手。也唯有充分激发创新主体的主动性和积极性，持续提高创新效率、优化资源配置、培育创新文化、形成创新合力，方能让创新成为全社会的一种信仰、一种自觉、一种基因。

进一步激活创新主体的策略

激活创新主体，重在激发各类创新主体的创新能动性。这既是增强产业竞争力的重要手段，也是优化创新体系的重要举措。对产业发展来说，激活创新主体可以提升创新能力，优化创新生态，改善人才环境，提高民生水平。这意味着激活创新主体是实现产业向上跃迁的有效进路，对高质量发展具有强有力的推动作用，成为实现产业能级提升与可持续发展的重要途径。为此，应持续优化完善培育机制，围绕产业链加快完善创新链，推进产业链与创新链协同发展。一方面，要积极推进创新平台建设，提升创新服务水平，同时加强创新资源的整合和优化，引导各类创新主体开展技术合作、资源共享，加强创新资源的整合和优化。另一方面，要加强国际合作，引进国外先进技术和人才，促进创新发展，同时加强与国内外高校、科研院所的合作，推动产学研一体化发展。具体而言，为进一步激活创新主体，提出以下机制性建议。

强化企业创新主体地位。一是适应并精准匹配市场需求，摒弃传统的技术创新单线思维以及"高校和科研院所作为创新供给方，企业作为创新需求方"等观念，采取"市场与创新双向互动"的崭新模式推动科技创新发展，形成企业主导的创新供给与创新需求之间"自我往复循环"的良性机制，确保科技创新与市场需求紧密结合，实现持续创新。二是促进平台经济高质量发展，鼓励链主企业牵头参与国家重大科技任务，支持平台企业在引领发展、创造就业和国际竞争中发挥更加积极的作用。引导有条件承担国家重大科技任务的企业，构建全产业链创新体系，促进中小企业深度融入产业链，借助链主企业的引领与指导，实现创新能力飞跃与突破。激励中小微企业秉持"工匠精神"，通过持续开拓创新成为行业"专精特新""隐形冠军"。三是健全决策咨询服务机制，巩固企业在创新决策中的主体角色。设立企业长期参与创新战略制定的常态机制，鼓励企业紧跟重大战略规划，积极开展创新实践活动。构建企业家创新研讨会制度，定期举行对话交流会议。

推进产学研深度融合。一是构建全链条协同创新机制，抢抓科技革命与范式变化带来的赶超契机，构建由企业、科研机构及政府三方联动的螺旋上升式创新推进机制。消除企业、高校、院所等创新主体间的制度障碍，打通科技成果从实验室到市场的全链路，构建产学研用一体化网络协同创新机制，促进各类创新要素深度融合与优质资源共享。二是重点孵化新型产业研发机构，鼓励行业领军企业和优势企业作为主体投资建设，整合高校、科研机构及企业创新资源，共同打造新型研发机构，推动创新能力全面提升。同时，对于为战略性新兴产业集群发展提供强力支撑的新型研发机构，以及经认定的从事战略性、前瞻性、颠覆性、交叉性领域研究的战略科技力量，按"一院一策"或"一事一议"原则予以支持。三是构建完整且高效的科技创新体系，涵盖创新成果的筛选、概念验证、中试熟化以及创业孵化等各个环节，形成全流程的产业创新链条。组建专业化、市场化成果转化运营公司，按照"研发机构＋孵化公司＋转化基金"的运营模式，推进原创成果"沿途下蛋""沿途孵化"。

优化科技金融功能。一是增强种子基金、天使基金以及股权投资基金的风险承载力，引领社会各类资本共建涵盖产业全程的金融支持网络，借助资本流动效能助力科技创新链条稳健前行。二是尝试构建知识产权质押融资风险补偿方案，积极探索并改进知识产权质押品处理流程，通过精准推介、面对面洽谈、公开拍卖等多种方式处置质押品，进而建立多种类知识产权担保机制，以此大力支持中小微企业利用知识产权获取金融资金。三是积极引导金融机构在科技金融产品上进行创新，对产品、市场和服务体系进行持续优化，并通过更加灵活的融资机制为科技创新提供更加有力的金融支持，包括为科技型企业初创、成长、成熟、上市等各阶段提供全方位、多元化的接力式金融服务，通过产业引导基金、特定债券、"投资＋贷款＋IPO保荐"等综合金融服务方式，促进更多优质科技成果落地转化，助力企业高质量发展。四是支持创新创业生态系统建设，金融机构可积极参与构建创新创业生态系统，与政府、科技园区、创业加速器等加强合作，共同打造良好的科创环境和金融生态系统，为科技型企业提供全方位的支持和服务。

营造良好创新氛围。一是探索创新试错容错机制，可设立支持企业创新试错的专项资金，缓解因创新项目没有按时完成而被收回前期补助资金等实际问题，宽容失败、鼓励创新。同时，进一步完善相关法律法规和政策措施，加强科研诚信体系建设，加强知识产权保护，营造尊重人才、鼓励创新、宽容失败的文化环境。二是举办创新论坛、主题会展等品牌活动，邀请国内外顶尖专家学者、商业领袖、投资机构、创新载体、产业园区等参加，搭建合作交流平台，链接优质企业、国际国内领军人才、资本投资机构等，促进各类创新要素聚集，激发创新创造活力。三是吸引创新型人才向产业集群汇聚，优化人才激励与成长策略，加大力度培养与产业技术创新需求紧密接轨的高水平人才队伍。给予高校、科研院所、企业更多的自主权，落实"揭榜挂帅""赛马"等制度，让真正的人才获得更多创新收益，让一切创新源泉充分涌流，为激活和发展新质生产力、构建现代化产业体系、推动经济高质量发展提供有力支撑与持久赋能。

延伸阅读·杭州实践

在科创引领、数智赋能方面，杭州不仅理念先进且成果斐然，为其他城市树立了标杆。

以杭州西湖区为例，近年来，该区大力实施"科创强区"战略，紧抓杭州城西科创大走廊创新策源"东首"的重大契机，以高能级平台建设和核心技术攻关为抓手，加速构建优质创新体系和创新生态。紫金港科技城、西湖大学城、云栖小镇等重点平台迭代升级，杭州智元研究院、华大生命科学研究院、天道量子研究院等科研平台相继落地，科技创新动能澎湃强劲。

在科创引领方面，杭州紧紧抓住科技创新这个"牛鼻子"，以之作为城市发展的核心驱动力，全力营造鼓励创新的氛围。政府通过构建完善的创新生态系统，整合各方资源，激发企业创新活力。企业也主动作为，加大研发投入，不断提升自主创新能力，像"杭州六小龙"一样的企业在各自领域不断突破，以创新产品和技术引领市场。高校和科研院所充分发挥人才与科研优势，与企业紧密合作，加速科研成果转化，如浙大系创业者的大量涌现，正是产学研深度融合的生动体现。

在数智赋能方面，杭州紧跟时代步伐，大力推进数字智能技术的应用与融合。新基建是科技和消费创新的驱动器，新消费是经济发展的压舱石，重在促进新基建与新消费同频共振。杭州依托 5G、人工智能、工业互联网等新基建，助推新兴产业崛起，为消费升级提供技术支撑。同时，新消费模式不断涌现，线上线下融合创新催生众多新业态、新场景，供应链整合和渠道营销创新带来消费新模式、新服务，二者相互促进，形成良性循环。

与此同时，积极激发政策与市场双轮驱动力。在政策执行上，避免短期思维和重复投资，以战略眼光布局新兴产业；注重人才培养，为人才创造良好环境；打造适合新兴产业发展的场景，加速技术转化为现实生产力。在市场方面，鼓励企业以科技创新为关键变量，在创新中穿越周期、规避风险。

杭州在科创引领、数智赋能方面的理念与进展，对其他城市具有重要借鉴价值，有助于推动各地在产业升级、社会治理、民生改善等方面实现新的跨越。

第六章

"两创融合"协同开放

在科创引领与数智赋能成为助力发展的强大动能后,进一步深入经济发展的内核,不难发现科技创新与产业创新作为一对紧密交织的关键力量,正以独特的方式为经济持续繁荣奠定根基。

如果说,科技创新是璀璨的星光,照亮未知的领域,不断催生新技术和新发明,那么,产业创新则能将这些科技成果落地生根,转化为实实在在的产品与服务,推动产业结构的优化升级。二者之间相辅相成,科技创新为产业创新提供源头活水,产业创新为科技创新搭建应用舞台。从传统制造业的转型升级到新兴产业的崛起,从技术革新引发的生产模式变革到产业创新带来的市场格局重塑,二者分别扮演着不可或缺的角色,共同驱动现代经济持续前行。

本章拨开科技创新与产业创新之间互动互促的迷雾,深入探究"两创融合"的推进逻辑,同样不再局限于区域视角,旨在更好地帮助各地更全面地审视:如何立足自身产业基础与科技资源精准发力,实现科技创新与产业创新的深度融合,以此提升产业竞争力,开辟经济增长新路径,为可持续发展注入源源不断的动力。

创新驱动发展战略与时代呼唤

实施创新驱动发展战略是加快转变经济发展方式、提高中国国际竞争力的必然要求和战略举措。国际格局的深刻演变,对中国科技创新的战略目标和机制构建都提出了新要求。在推进中国式现代化的新征程上,必须始终把创新作为经济社会发展的第一动力,深刻把握实现高水平科技自立自强所面临的新机遇新挑战,不断塑造高质量发展新动能新优势。

引领新技术革命和产业变革的时代需要

当前,全球科技创新进入以人工智能为重要驱动、前沿技术多点突破又相互支撑的深度融合阶段,特别是通用人工智能的深度研发逐渐赋予人工智能系统自我理解和自主控制的性能,使得"人—机—物"三元融合不断深入。

还应看到,人工智能技术已经对相关领域的科学研发和社会生产活动产生重要影响,进一步缩短了从基础研究、应用研究、技术研发到产业化的周期。从 2024 年诺贝尔奖科学类奖项评选结果可以看出,人工智能作为一股不可忽视的力量,正在推动科学研究的范式转变。许多颠覆性创新成果正加速催生新的产业组织和商业模式，越来越多的新产业新业态快速涌现。

科技革命作为产业革命先导的趋势日益显著，为产业变革由新业态培育到新产业崛起奠定了坚实基础，也倒逼我们必须适应科学范式转变带来的新治理架构，并促进新技术在产业发展中的应用迭代。

回顾科技革命史，第一次科技革命开启人类工业化时代，推动英国成为世界第一个科技强国。第二次科技革命开启电气时代，推动德国、法国、英国等策源地成为当时的世界科技强国。第三次科技革命使人类进入信息化时代，推动美国成长为世界科技强国并延续至今。

由于历史原因，我们错过了引领和深度参与前三次科技革命的机会。面对第四次科技革命浪潮，必须充分做好各方面准备，抢抓这一轮科技革命的主导权，推动科技创新与产业创新融合发展，这不仅是中国建设世界科技强国的必然要求，更是新时代新征程实现追赶超越的历史使命。

应对日趋激烈的大国竞争的战略需要

世界进入新的动荡变革期，不稳定、不确定性加剧，国际政治经济形势更趋严峻复杂。与此同时，科技日渐成为大国国力积聚的首要驱动力量，而科技竞争则成为大国博弈的主战场。

近年来，全球各国纷纷强化科技创新前沿领域和未来产业布局，加紧构建科技和产业竞争新规则，力图抢占新一轮大国竞争主动权，全球科技研发增长远远快于经济、贸易与投资增长。例如，美国正逐步通过结构性技术权力重塑国际战略格局，实施"小院高墙"科技竞争策略，以管控战略性新兴技术与创新要素向竞争对手国家流动，同时发布《美国政府关键和新兴技术国家标准战略》（*U. S. Government National Standards Strategy for Critical and Emerging Technology*，简称 USG NSSCT），不断强化美国在国际标准制定中的领导力。

又如，欧盟提出以规则和价值塑造为先导的技术主权战略，推出《塑造欧洲的数字未来》（*Shaping Europe's digital future*）、《欧盟数据战略》（*A European Strategy for Data*）、《人工智能白皮书》（*White Paper on Artificial Intelligence*）三份科技战略报告，进一步巩固欧盟及成员国在全球数字经济领域的地位。通过发布《欧洲经济安全战略》（*European Economic Security Strategy*），欧盟列出了十个关键技术领域清单，并发起了应对供应链弹性风险、关键基础设施物理和网络安全风险、技术安全和技术泄露相关风险，以及经济依赖或经济胁迫武器化风险的一系列行动。

可见，各方未来争夺全球前沿技术制高点的竞争只会更加激烈，且都将科技变革视为维护国家安全的基础核心能力。迈向高水平科技自立自强，就需要兼顾抢抓科技革命先机和确保产业技术安全可控，从科技支撑引领产业发展向科技创新与产业创新融合发展转变。

重塑产业链供应链韧性与安全的实践需要

近年来，通过深入实施创新驱动发展战略，中国科技整体水平大幅提升，一些关键核心技术实现突破，在打破以美国为首的西方技术封锁、市场垄断方面取得了重要进展，但重要产业链供应链的安全风险依然存在，需要在基础原材料、高端芯片、工业软件、化学制剂等领域的关键核心技术上全力攻坚。在一个更多考虑策略性互动、竞争与国家安全的时代，安全议题会改变全球供应网络的机理和建构要求。

应当看到，真正推动全球贸易的主导力量不是各国政府层面的政策协调，而是追求全球价值的跨国公司之间的联系。跨国公司为了保障供应链安全，也更倾向于将产能重新布局到接近目标市场且具有成本优势的区域。从自身发展来看，中国建设现代化产业体系面临的原始创新能力不足、重大科技创新成果产业化进程较慢、创新链产业链缺乏协同等问题始终未能得到有效解决。

特别需要关注的是，在新一轮技术革命和产业变革中，传统的线性创新结构将被打破，创新的速度和幅度、主导技术路线的选择更具不确定性，技术迭代的速度更快，既有产业链条、技术路线受冲击的风险增加。

因此，提升产业链供应链韧性与安全，必须坚持高水平科技自立自强，既要不断提升核心技术的攻关能力和水平，进一步提高关键技术环节的国产化比例，也要积极部署颠覆性技术路线，探索推动科技创新与产业创新融合发展的新路径，最大程度地实现产业链关键环节的自主可控，以及供应链布局上下游的成本控制最优。

党的十八大以来，中国研发经费投入持续快速增长，科技产出量质齐升，科技创新对经济发展的支撑和引领作用不断显现，已逐步从创新驱动发展迈向高水平科技自立自强，进入创新型国家行列。

首先，从研发经费投入看，2023 年中国全社会研发经费超过 3.3 万亿元，是 2012 年的 3.2 倍，位居世界第二位；全社会基础研究投入持续增加，从 2012 年的 498.8 亿元提高到 2023 年的 2 259.1 亿元，占全社会研发投入比例从 4.8% 升至 6.7% 以上。相应地，研发经费投入占国内生产总值的比重由 2012 年的 1.98% 持续增长到 2023 年的 2.65%，达到中等发达国家水平。

其次，从专利申请及拥有情况看，2023 年，中国发明专利申请授权数为 92.1 万项，是 2012 年的 4.2 倍。PCT（《专利合作条约》）国际专利申请量从 2012 年的 1.9 万件增加到 2023 年的近 7 万件，连续五年居于世界首位。

最后，从企业创新主体看，2023 年，中国企业科技投入占全社会研发投入的比例为 77.7%，高于研发机构的 11.6% 和高等院校的 8.3%。调查显示，2023 年规模以上企业享受研发费用加计扣除减免税的企业数达 14.7 万家。在全球研发投入 2 500 强中，总部位于中国的企业数量从 2013 年的 199 家增长到 2022 年的 679 家，先后超过日本和欧盟，稳居全球第二位。

科技创新引领产业创新模式演进

没有科技创新就没有产业质变，也无法真正形成新质生产力，脱离科技创新的产业创新也只能停留在商业模式创新层面。构建现代化产业体系，更需要以颠覆性技术和前沿技术催生新产业，坚定不移加快推进高水平科技自立自强，推动科技创新和产业创新深度融合。从后发国家创新追赶的演进过程看，科技创新引领产业创新大致有跟随模仿创新、自主内源创新、开放协同创新三种模式。

跟随模仿创新

跟随模仿创新是在引进、模仿、吸收基础上的创新。已有研究显示，技术变革和技术追赶是非中性的，后发国家的技术模仿并不必然带来赶超，二战后的欠发达国家在历经 20～50 年的追赶后多数落入"中等收入陷阱"。相比之下，中国的技术追赶源于开放型经济体制，同时立足后发比较优势，不断提升技术学习效率，实现了从消化吸收到改进式创新的演变。

第一，技术引进是跟随模仿创新的前提基础。技术引进的主要对象包括生产工艺、制造设备、技术标准、产品材料配方等。改革开放初期，我国通过"两头在外""三来一补"方式，在进口西方国家的成套设备的同时，直接引进各国的领先技术。20 世纪 80 年代中后期，我国通过"以市场换技术、以产顶进"策略对外资开放中国市场，允许各类主体在境内的"三资"企业购买技术和知识产权以替代进口。

第二，消化吸收是跟随模仿创新的关键环节。一方面，政府引导国内企业通过"逆向工程"学习进行复制性模仿，通常包含引进技术后的拆解试验，即按照原有图样、配料、工艺、方法不断仿制，从而实现基本工艺、成套技术方面的快速积累。另一方面，随着《中华人民共和国专利法》《中华人民共和国著作权法》《中华人民共和国反不正当竞争法》等法律法规出台，中国企业通过技术和知识产权的许可、转让等方式获得国外已有先进技术的路径被打通。

第三，改进创新是跟随模仿创新的最高层级。改进创新并非简单意义上的"模仿"，而是特别强调后发国家对发达国家科学技术的引进、学习、消化和再创新的过程。实践证明，复杂系统产品的核心技术无法靠市场换来，如果核心技术不成熟、设备可靠性和稳定性不高，一个国家就难以实现自主创新的真正发展。改进创新需要在打破传统比较优势的基础上，逐步拥有从生产组装迈向研发核心零部件和关键原材料的能力，实现价值链两端的攀升，这是一个技术自主可控、高端集成引领的过程。

自主内源创新

自主内源创新是由跟随模仿向原始创新过渡的形态，主要以高校、科研院所直接进入市场的方式，推动科技成果从实验室走向市场。这一过程中，首先要搭建科技成果研发与技术所有权和使用权转让之间的桥梁，然后通过各类科技中介服务的导入，伴随着技术扩散和技术创新，使创新逐步完成产品化、商品化和产业化。在这一过程中，后发国家创新型企业会基于科技成果的技术含量和潜在市场需求，站在较高技术起点进行快速追赶，获取尚未被先发国家占领的市场。

第一，科研院所转制是自主内源创新的初始动力。科研机构从政府部门直属事业单位转变为直接参与市场竞争的企业，让科技人才自由流动，开展面向市场需求的科研工作，这是促进科技成果转化最直接的方式。20 世纪 90 年代中后期，中国开展了大规模科研院所转制的改革探索，鼓励科研机构开拓技术市场，促使应用型科研机构向企业化方向转制。

第二，推动权属转让是自主内源创新的制度破冰。以高等院校、科研院所为代表的科技成果供应方将其所研发的科技成果提供给企业，政府则通过政策引导、项目资助、搭建平台等方式推动科技成果供求双方建立联系。在实践探索与政策互动过程中，逐步形成了自主投资、转让他人、许可使用、合作与投资转化、作价投资等多种方式。进入新发展阶段，一些地区积极探索推进职务科技成果赋权改革，相继涌现出"科研团队控股＋技术经纪人持股跟投""分期赋权＋转让部分权属＋实施许可""科技成果作价投资＋技术参股"等新模式。

第三，科技中介服务是自主内源创新的孵化加速器。科技成果从实验室走向市场，通常需要跨越三次"死亡之谷"。其中，从小试、中试到产品化是其中的关键一环，这对科研机构而言往往成本过高、风险较大，对企业主体而言难度过高、不确定性较大。每个节点成功与否，取决于科技成果的技术含量及企业实际运营管理情况等综合因素。科技中介服务机构是加快科技创新、推动科技成果向现实生产力转化的重要载体，其在传统科技咨询、技术交易、科技孵化等服务基础上，更加注重概念验证中心、小试中试平台、应用场景基地的统筹布局，不断提供科技资源优化增值服务。

开放协同创新

开放协同创新是基于产业链推动大中小企业融通创新的一种方式，重点放在围绕产业链部署创新链、围绕创新链布局产业链方面，充分发挥企业作为创新主体的作用。通过垂直、水平和跨界协同，可以实现产业链上下游企业之间的联合。相较于跟随模仿创新和自主内源创新，开放协同创新体现了由单一链条向多元网络化的产学研合作的转变。面对产业链供应链安全的新挑战，后发国家创新型企业更加注重相互赋能，以科技创新推动产业链创新优化升级。

第一，链主企业是开放协同创新的关键抓手。链主企业在技术领先、市场控制力等方面越具有突出优势，以需求拉动或供给推动上游供应商成长的可能性就越大，上游投入与技术突破的可能性也越大。同时，应结合产业链位势，围绕科学新发现、技术新发明、产业新方向布局新兴产业，引导大企业向中小企业开放仪器设备、试验场地等创新资源要素。

第二，集中攻关是开放协同创新的重要使命。科技自立自强是应对风险挑战、维护国家安全的现实需要。在新形势下，中国各类链主企业开始从源头上重视产业链的关键核心环节，对威胁国家安全且高度依赖单一进口的技术产品开展集中攻关，避免陷入"碎片化分散攻关、区域化无序竞争"状态。在开放协同创新过程中，培育一批协同配套能力突出的"专精特新"中小企业，能够积极推动产业链供应链整体的高端化跃升。

第三，创新集群是开放协同创新的主要形态。多元网络化的产学研合作通常以创新集群形式存在，创新集群的投入产出环节会关联驱动上下游产业围绕创新集群周边进行空间布局。中国已经初步建立了从研发设计到生产制造、市场销售、综合服务等多个环节的完整产业链和具有韧性的供应链体系。中华人民共和国工业和信息化部（以下简称"工信部"）官方微信公众号"工信微报"显示，自 2019 年启动先进制造业集群培育工作以来，至 2023 年底，45 个集群贡献超过 20 万亿元，占全国工业增加值的比重超过 50%。

制约"两创融合"的关键堵点

从适应新质生产力发展和现代化产业体系建设要求来看，还存在一些堵点，制约着中国科技创新与产业创新深度融合。

科技成果供给与市场实际需求尚不匹配

科技成果转化率不高仍然是制约当前科技与经济紧密结合的突出问题。现有的高质量科技成果供给较为缺乏，没有足够多的真正有价值的科技成果实现产业化。有研究显示，中国前沿科技成果中只有10%～30%被应用于实际生产，能够真正形成产业的科技成果仅占20%，而在发达国家，这一指标为60%～70%。这在一定程度上表明，中国的原始创新能力还较为薄弱，基础技术积累尚未达到产业化水平。

当前，仍有相当一部分原创性成果是通过对国外技术进行局部改良获得的，还处于跟随模仿创新阶段。与此同时，产业创新更需要以新质生产力为代表的科技成果，而中国当前的高端芯片、基础软件、生物制药等关键核心技术领域仍存在瓶颈，难以满足产业升级需要，也难以保障产业发展的安全可控。产业创新的差距实质上是对中国高校科研院所"最先一公里"的科技创新成果质量提出了更高要求。

但也要看到，高校科研院所对目标客户的市场需求缺乏深度认知，即使科技成果达到相应技术水平要求，也往往难以在上下游各环节之间形成产业化共识。当前，以论文、专利等指标为主的科研评价导向尚未改变。基础研究可能找到了从0到1创新突破的新方向，但在如何找到合适的市场应用方面仍止步不前。这与许多科研立项缺少对产业需求和市场的深入调查有关，许多高校科研院所的科研选题仍以追踪科学前沿热点为主。

国家知识产权局发布的《2022年中国专利调查报告》显示，中国发明专利产业化率为39.7%，但高校和科研单位发明专利产业化率分别仅为3.9%和13.3%。对从事应用基础研究的科研人员而言，他们亟须兼顾实验室和市场两头，真正把技术成熟度和市场真实需求有机结合起来，将实验室的科技成果进行落地转化。唯有如此，才能迈出打通科技创新与产业创新深度融合堵点的第一步。

中试平台制度保障和配套服务亟待完善

中试是从基础研究到产业化过程的关键环节，通过联通上游科研部门与下游产业部门，把试制阶段的新产品转化到实际生产过程中，进行过渡性试验和工程技术验证，有助于降低科研成果在实验室阶段的风险性与不确定性，进而保障批量生产阶段的低风险和可靠性。"智研瞻产业研究院"在其《2024—2029年中国中试基地行业发展前景预测与投资战略规划分析报告》中提出，科技成果经过中试基地验证后的转化成功率可以达到50%～80%，而未经中试基地验证的科技成果，其转化成功率低于30%。许多科技成果停留在了从高校科研院所到企业、从实验室到生产线前的"最后一公里"，阻碍了科技成果向新质生产力转化的进程。

总体来看，第三方试验验证和认证能力尚不完善，中试平台资源分布不均衡，缺少行业公认的验证结果作为支撑，概念验证和中试熟化平台服务能力有待进一步提高，高校院所与高新技术企业之间尚未形成稳定的科技成果转化共同体。

究其原因，一是中试平台定位不明确，投资建设运营难度大。资源型、共享型、生态型中试平台牵头主体各不相同，且在资金、场地、设备等方面需要投入的成本巨大，而对外开放共享相对较少，加上专业人才缺乏、管理和运营机制不完善等问题的存在，导致容易出现"建成的不怎么用、需要用的建不起"等困境。

二是各方合作动力不足，存在技术泄露或人才流失等风险，创新主体让渡中试产品的积极性不高。有些科技成果从小试走向中试熟化尚需一段必要的流程与时间，但在现有评价机制下，科研人员往往凭借这些阶段性成果也能够完成项目验收，所以缺乏进一步研究和推动成果社会化生产的动力。在让渡中试产品的过程中，少数中试企业出于逐利需求难免会利用机会实施不合规的复制、仿制或违背服务对象意愿将技术资料存档等行为，中试服务购买方存在技术直接或间接泄露的风险。

三是中试平台生态体系尚未健全，难以形成成果转化闭环。围绕科技成果转化所需的技术熟化、设备验证、试验检测等公共服务亟待进一步完善。向前到科研机构的平台触达能力缺乏，向后到孵化器、投资机构和应用场景延展能力不足，这些都在一定程度上制约了中试环节的顺利开展。

科技领军企业创新主体作用尚未充分发挥

科技创新与产业创新深度融合的关键在于强化企业科技创新主体地位，发挥科技领军企业的引领支撑作用。

一方面，科技领军企业自主创新能力不足，主导优势不明显。实践表明，企业如果没有亲自开展研发创新，就找不出技术瓶颈的症结所在，也就无法较好履行科研任务"出题人"的角色。大多数科技领军企业的科技投入主要集中在应用研究上，基础研究投入相对不足，部分科技领军企业仍依赖于外部技术和专利，导致企业关键核心技术存在瓶颈，缺乏自主知识产权。企业在国家科技计划项目中话语权不足，特别是企业牵头承担的科技计划项目数量少，在国家实验室、国家工程实验室、国家重点实验室等国家战略科技力量中影响力微薄。科技领军企业的组织实施作用发挥不够，对高校科研院所科技成果吸纳能力不足，以创新联合体为代表的产学研高效协同的科研组织模式尚处于培育阶段，未能有效承担技术创新和科技成果转化的主要责任。

另一方面，科技领军企业与中小企业融通合作不顺畅，与高校科研院所对接渠道不通畅。由于科技领军企业在前沿科技领域产业布局不完善，限制了中小企业在细分领域特殊优势的发挥。更重要的是，科技领军企业对中小企业的技术服务能力与机制欠缺，不仅未能及时共享技术、研发成果或创新资源，还限制了中小企业的技术创新和人才队伍的培养。科技领军企业通过内部孵化、战略投资等方式支持中小企业发展的模式尚未得到广泛推广和运用。许多大中型企业往往寄希望于高校科研院所能够在短期内攻克某个技术难题，但忽视了对方缺乏专业化技术转移机构和专业人员的现实，更很少关注和支持对方关键共性技术的研发。

目前，在人工智能、半导体、新能源等前沿科技领域，通过科技领军企业主导产学研融合诞生的技术驱动型"独角兽"企业较少，导致各类创新主体的资源分散，难以形成合力，限制了跨学科、跨领域创新团队的组建与发展。

科技前沿攻关与市场规模化推广缺乏协同

不同类型产业的创新方式各不相同：有些产业，比如清洁能源等，需要供给引领的前沿突破，而人工智能类的新一代信息技术产业离不开供需驱动的快速迭代；还有些产业，如新材料等，必须依托需求牵引的融合创新。不同的产业发展技术路径决定了与科技创新的不同融合程度。总体来看，关键核心技术"卡脖子"领域和未来产业前沿领域应当更多考虑如何进一步增强产业创新体系的能动性。针对迈向高水平科技自立自强新阶段提出的新要求，科技前沿攻关与市场规模化推广之间缺乏有效协同，主要表现如下。

一是产业界与科研资源和成果的对接机制不畅。产业界研发团队自下而上参与国家战略科技力量对接的机制化设计尚未形成，各类创新主体在一些跨学科跨领域的大协作中处于彼此分割、各自为战的状态。有些仅停留在特定范围内的"揭榜挂帅"层面，高校科研机构的一些突破性科研成果和高价值平台资源的合作共享机制没有真正建立。

二是高激励的知识产权分配机制不到位。由于缺乏明确的付费标准，合作者不愿意将前期与该产业技术积累相关的知识产权共享，从而导致资源重复、分散投入。在有效促进产业上下游伙伴对持续创新的贡献与投入上，没有相应的权益让渡机制，容易导致竞争优势的阶段性回落。

三是高风险共担的联合创新机制不完善。以未来产业为例，最初的技术路线具有高度的不确定性，如果闯不出前沿技术"无人区"，或者由于颠覆性技术路线不稳定而无法实现产业化，都会导致形成大量的沉没成本。多数攻关领域目前仍处于产业创新前期的试错阶段，具有很强的前瞻性和不确定性，技术更加接近前沿。在这些领域中，各类创新参与者之间尚未形成紧密的合作协同关系，前期产业技术试错成本分担机制仍不成熟。

以高水平科技自立自强为支撑

科技创新是产业创新的内生动力，支撑产业高质量发展的关键还在于实现高水平科技自立自强，这要求我们持续深化科技体制改革，加快构建支持全面创新的体制机制。因此，必须聚焦现代化产业体系建设的重点领域和薄弱环节，创新重大科技攻关组织方式，通过"产业链主＋开放平台"方式，进一步提升国家科技创新与产业创新融合的整体效能。

第一，发挥新型举国体制优势，加强科技前沿协同攻关。

在具体实施过程中，要与"揭榜挂帅"机制相互协同，更加注重首席科学家的作用。坚持"有效率的集中、有分工的协同、有应用的牵引"，鼓励在科技和产业追赶中采取更灵活敏捷的策略。

具体而言，一是更加注重技术引领的前瞻性。从以往的"市场换技术""引进消化吸收再创新"的技术追赶策略向"技术换技术""细分市场突破"的技术跃迁策略转变，依托新技术革命的突破，构建适应不同技术创新和产业发展情况的政策体制框架。

二是更加注重创新体制的开放性。从原有封闭的组织动员向面向开放市场的协作参与转变，以关键核心技术为突破口，充分发挥市场在科技资源配置中的决定性作用。

三是更加注重创新主体的协同性。从政府主导下的产学研合作向多中心主体的创新链合作转变，围绕提升产业链现代化水平，进一步明确不同参与主体的角色和功能定位。

四是更加注重创新治理方式的柔韧性。将关注点从各领域、各主体的条块创新向创新产业链的对接机制转变，围绕深度融合的关键环节，凸显体制弹性。

第二，完善中试服务支撑体系，搭建各取所需的开放平台。

中试服务平台要着力突破"只顾建设不管运营"的共性问题，既要通过提供必要的环境与设备，为科研团队及企业搭建一个贴近真实生产条件的试验场，也要在合作互动过程中解决激励不足与风险约束并存的深层次困境。时至今日，不仅一些发达国家在历次工业化进程中已经形成比较成熟的中试服务体系，中国的中试平台区域布局和市场也已逐渐形成相对完善的格局，一些经验值得借鉴推广。

当前最为关键的是，要在中试服务过程中推动样品让渡、服务提供、批量生产三方各取所需，从设计定制、工艺开发、封装测试、原型制作到小批量生产的全流程入手，推动实现风险共担、利益共享。同时，通过市场化的商业模式逐步提升中试服务支撑平台的自我造血能力。

其中，对于中试样品让渡方而言，其主要是高校科研院所和初创型企业，必须明晰界定研发费用的分担机制以及进一步试验产出后成果与收益的归属权，同时为在中试环节中获取的分析检测数据做好技术过失泄露责任约定；对于中试服务提供方而言，其作为概念验证和中试熟化平台企业，必须建立并完善技术转让、技术服务、技术租赁、技术中介、合作研发、合资成立公司，以及技术秘密与知识产权保护等方面的工作体系和制度流程，进一步提升验证检测结果的行业公认度；对于样品批量生产方而言，要强化与中试环节的试验数据对接，为产品量产及质量体系认证做好充分准备，进一步缩短车间生产线的运行周期。

第三，优化深度融合制度设计，加快优质科技成果的产业化。

推动科技创新与产业创新深度融合，必须分别抓好企业和高校科研院所这两端，既要发挥科技领军企业的龙头牵引作用，也要发挥高校科研院所的导向扩散作用，聚焦优质科技成果，形成快速转化的通道。实践中很多的"卡脖子"技术并非缘于技术难以突破，而是因为供应商很难接触到用户实际使用的真实场景。

因此，一方面，要从制度上落实企业的科技创新主体地位，鼓励中小企业科技创新。支持民营企业牵头或参与国家重大科技项目，推动它们成为技术创新决策、研发投入、科研组织和成果转化的主体。出台支持性政策措施，促进创新资源向企业集中，鼓励民营企业加大研发投入力度，通过组建创新联合体、建设科技创新平台等方式，面向产业需求，共同凝练科技问题、培养科技人才、促进科技成果转化。加大对自主创新产品的政府采购力度，支持国产先进技术产品快速得到应用，打通科技成果快速产业化的"最后一公里"。

另一方面，要不断完善高校科研院所科技人才评价机制，按照基础研究、基础应用研究、应用研究的类别，基于不同学科领域和评价对象开展分类评价。深入推进"破四唯"，建立健全以创新价值、能力、贡献为导向的科技人才评价体系。探索建立市场导向的适应性评估机制，加强科技成果预转化，推动科技创新成果在应用场景和条件相对成熟的领域、区域和行业先行先试。打通高校科研院所和企业人才交流通道，畅通人才流动机制。

第四，健全开放协同创新机制，有效集聚国内外创新资源。

开放协同创新是新形势下科技创新与产业创新深度融合的重要模式。首先，坚持开放必须全面深度融入全球创新网络，要以国际大科学计划和大科学工程为牵引，加强国内创新主体与国际知名院校、跨国公司的合作，鼓励跨国公司在更多重要零部件上使用国内领先供应商的产品和技术。

其次，推进协同必须按照"创新资源共聚共享、产业项目共引共推"理念深化对接合作，探索设立"政产学研用"一体化全链条平台，支持龙头链主企业、科技领军企业发挥产业链引领带动作用和创新生态整合作用，积极参与产业基础再造工程、制造业强链补链行动，在产业链细分领域深耕拓展。

再次，通过健全重大技术攻关风险分散机制，建立科技保险政策体系，降低民营企业参与关键核心技术领域的门槛和风险。

最后，要引导信息、技术、人才等要素集聚和高效流动，增强各类创新政策之间的协同联动，着力推动政府产业扶持政策、知识产权保护政策、考核评价和奖励机制同向而行。

延伸阅读·杭州实践

当前,科技创新与产业创新"两创融合"成为重要发展趋势。杭州坚持协同共进和需求导向,通过发挥财政资金"药引子"作用,放大科技金融"倍增器"作用,发挥应用场景"育苗圃"作用,致力于营造最优最好的创新生态,为城市发展注入强大动力。

科技创新是产业创新的源头活水,产业创新是科技创新的落地载体。中投产业研究院发布的《杭州市科技创新与产业发展成功经验深度分析报告》指出,杭州在科技创新与产业发展过程中,高度重视产学研用深度融合,形成了高校、科研机构与企业紧密合作的创新模式,取得了丰硕的成果。

在政策引导上,杭州出台一系列鼓励科技创新与产业创新融合的政策举措,围绕产业链部署创新链,围绕创新链布局产业链,全力推动两者的深度融合。着力对积极开展融合创新的企业给予支持,激发企业创新活力。通过整合组建杭州科创基金、杭州创新基金和杭州并购基金三大母基金,由其参与投资 N 支行业母基金、子基金、专项子基金等,最终形成"3+N"杭州产业基金集群。

与此同时,杭州注重培育创新主体,强化企业在科技创新与产业创新融合中的主体地位。鼓励企业加大研发投入,建立企业技术中心、研发实验室等创新平台,加强与高校、科研机构合作,开展产学研协同创新。如海康威视、宇树科技等企业,依托自身强大的研发实力,与高校联合开展前沿技术研究,将科技创新成果迅速转化为产品与服务,推动产业升级。同时,杭州积极培育"专精特新"中小企业,这些企业在细分领域专注科技创新,成为产业创新的重要力量,带动产业链上下游协同发展。

在创新成果转化方面，杭州搭建完善的科技成果转化服务体系。通过建设科技成果转化交易平台，提供信息发布、技术评估、交易对接等一站式服务，促进科技成果与产业需求精准匹配；通过举办各类创新创业大赛、科技成果对接会等活动，为科技成果与企业搭建交流合作桥梁，加速科技成果产业化进程。

当前，产业科技创新这一"关键变量"，正加速转化为新质生产力的"最大增量"。杭州的这些做法，无疑为其他城市的创新发展提供了可资参考的思路。

下　篇

谋势产业未来

积极拥抱智能时代，"战略母产业"展现强大辐射力。大模型驱动数字经济变革，DeepSeek等企业成果在多领域广泛应用，推动产业升级；自动驾驶技术重塑未来城市，在政策支持下加快技术落地，提升交通效率与安全性；低空经济成为发展新引擎，各地出台政策发展低空制造、飞行、保障等产业，无人机和电动垂直起降飞行器（eVTOL）等研发应用不断推进，物流配送、低空旅游等应用场景持续拓展。

要聚焦未来产业创新生态建设，布局通用人工智能、低空经济等风口产业，构建创新联合体，培育高新技术企业。通过强化研发、完善创新生态、吸引人才等举措，在未来产业竞争中抢占先机。布局智能应用与未来产业，能够为城市谋势发展提供硬核创新范例，给产业创新升级、培育新经济增长点带来新的启示，并将助力各地因地制宜探索发展路径，加快实现经济高质量发展。

第七章
智能时代的技术元素

前文剖析了科技创新与产业创新如何深度融合，成为经济发展的关键驱动力。而当人们迈进智能时代的大门，将会发现，一系列全新的技术元素正以磅礴之势重塑城市机理，革新着经济发展的底层逻辑，其影响力远远超越了过往的创新模式。

智能时代的技术元素如同一把把神奇的钥匙，开启一扇扇通往全新世界的大门。笔者将这些技术元素组合锻造的成果称为"战略母产业"。其凭借强大的辐射带动能力，在稳固产业根基的同时，催生着多元创新应用。其中，大模型作为数字经济的新引擎，正以惊人的速度驱动着新一轮变革，重塑生产、流通与消费的各个环节。而自动驾驶技术同样具有新锐力量，有望重塑未来城市交通格局，改变人们的出行方式与城市空间规划。这些技术元素相互交织、彼此赋能，共同勾勒出智能时代的新蓝图。

基于智能时代的这些关键技术元素，我们将从"战略母产业"的多功能挖掘，到大模型驱动数字经济变革的内在逻辑，再到自动驾驶技术对未来城市的深远影响，逐一揭开其神秘的面纱。通过对这些前沿技术的剖析，本章旨在为城市在智能时代找准发展方向提供洞见，助力各地搭乘智能技术的快车，驶向更加欣欣向荣的未来。

发挥"战略母产业"多元功能

战略母产业，是以新 IT 产业为基础，对第一、二、三产业以及经济发展各领域具有第一生产力意义，具备科技赋能、产业基石、经济底座、基础设施等创新驱动作用，能够从创新与效率、发展与变革角度，持续催化新科技、孕育新业态、缔造新格局的母科技产业集群。它以拥有强大创新能力和辐射带动作用的新 IT 产业为基础，逐渐成为更多数字经济时代新兴产业发展的"孵化器""催化剂""加速器"以及"呵护力"之源。①

在长期研究及推动数字经济和产业发展的过程中，不难理解"战略母产业"在推动经济高质量发展中扮演的角色。更多的奥秘，其实就蕴藏于其四大功能之中。正因如此，战略母产业不仅自身发展迅速，还源源不断地通过技术溢出、产业关联等方式，因势利导地带动其他产业构建数智竞争力、激发新质生产力，加快创新升级，形成强大的产业生态。

"孵化器"：产业生态摇篮

之所以用"母"字命名战略母产业，"孵化器"功能是其中重要而直观的

---

① 朱克力：《战略母产业：从数智竞争力到新质生产力》，新华出版社 2025 年 9 月版。

一个方面。顾名思义，"孵化器"犹如一个温暖的巢穴，孕育着无数创新的种子，让这些种子在适宜的环境中茁壮成长。这一功能关乎技术、产业和市场的培育，更深刻影响着人才成长和产业生态构建，是其不可或缺的"三大摇篮"——创新的摇篮、人才的摇篮、生态的摇篮。

创新的摇篮：从创意到产业的跨越。新 IT 产业在自身发展的同时，通过提供先进的技术平台和丰富的数据资源，为新兴企业和创新项目提供肥沃的土壤。这些以新兴技术为基础的产业代表着技术的前沿，更是创新思维的试验田。在这里，每一个创意都有可能被孵化成一项颠覆性的技术，每一个技术突破都有可能催生一个新的商业模式，进而形成一个全新的产业。

创意的孵化是一个复杂而微妙的过程，需要适宜的环境、充足的养分和耐心的呵护。正是这样一个理想的孵化器，通过提供先进的技术平台，使创意能够快速转化为技术原型；拥有丰富的数据资源，使技术能够在真实的市场环境中得到验证和优化；还具有敏锐的市场洞察力，能够捕捉到商业模式创新的火花，并将其点燃。

经过孵化，一个又一个的新兴产业和业态在这里破壳而出，展翅高飞。这些新兴产业代表技术创新，更代表市场新机遇和增长新动力，正以惊人的速度成长，迅速占据市场的一席之地，成为推动数字经济发展的重要力量。

人才的摇篮：精英的汇聚与成长。战略母产业的"孵化器"功能还体现在对人才的培育上。战略母产业能够汇聚各行各业的精英人才，为其提供交流、合作和成长的平台。在这个平台上，人才之间可相互学习，碰撞出创新的火花；可以得到专业的指导和支持，将自己的创意和想法转化为实际的产品和服务。

人才是创新的第一资源。因此，在这些新兴领域，要不遗余力地吸引和培养人才。通过提供培训、实习、创业指导等多元化人才培育方式，为数字经济发展培养大量高素质、高技能的人才。经过进一步孵化，这些人才在提升自己能力的同时，也能为数字经济的发展贡献自己的力量。

更重要的是，借助"新IT"的强大影响力和吸引力，战略母产业能够汇聚来自不同领域、不同背景的精英人才。这些人才在新兴产业平台上交流思想、碰撞创意，共同推动技术进步和产业发展。其智慧和才华在这里得到充分的发挥和认可，也会为战略母产业发展注入源源不断的创新活力。

生态的摇篮：产业生态的构建与协同。战略母产业的"孵化器"功能还表现在产业生态构建上。即通过整合产业链上下游资源，形成紧密的产业关联和协作网络。这种产业生态的构建，能够提高产业整体竞争力，为新兴产业发展提供有力支撑与必要保障。

经过孵化，一个又一个新兴产业生根发芽、茁壮成长，交织形成多元化、协同化的产业生态格局。这样既有助于提升整体产业的创新能力和市场竞争力，也为数字经济发展提供了更为广阔的空间和机遇。

作为产业生态核心和引领者，战略母产业通过与其他产业紧密合作和协同创新，共同推动数字经济加快发展。战略母产业以其强大的技术实力和市场影响力，引领整个产业生态发展方向与节奏；同时也以其开放和包容态度，吸引越来越多产业和企业加入生态中来，共同分享数字经济发展红利。

战略母产业的"孵化器"功能，在推动数字经济发展过程中发挥着举足轻重的作用，既能为新兴企业和创新项目提供沃土和无限可能，又能为人才培育和产业生态构建提供有力支撑。经过一轮轮的孵化，无数的创新种子得以茁壮成长，不断绽放出璀璨的光彩，共同推动数字经济及更多产业发展。

"催化剂"：融合创新发展

在推动经济高质量发展中，战略母产业扮演着"催化剂"的重要角色。它如同一剂强效催化剂，正在加速各产业间的融合与创新，推动传统产业转型升级，使之焕发新的生机与活力。在新 IT 技术的驱动下，传统产业的生产方式、商业模式和管理理念都会发生深刻变革，生产效率得到大幅提升，市场竞争力显著增强。"催化剂"功能可以体现在对传统产业的改造与升级上，更能在创新资源的集聚与整合、市场需求的激发与创造等多方面展现出强大推动作用。

传统产业的转型升级：焕发新生机。通过提供先进技术和创新商业模式，助力传统产业实现数字化转型。这一转型过程，可以提高生产效率和产品质量，降低运营成本，从而显著增强市场竞争力。以制造业为例，传统的生产方式往往依赖于人工操作和经验判断，生产效率低下且质量控制难度大。而经过新技术的催化，制造业引入自动化生产线、智能机器人等先进技术设备，实现生产过程的数字化和智能化，在大幅提高生产效率的同时，可通过精准的数据分析和质量控制手段，确保产品质量的稳定性和一致性。

同时，战略母产业还推动着传统商业模式的创新。通过引入互联网思维和大数据技术，传统产业得以重构价值链和商业模式，实现更高效的市场响应，提供更精准的客户服务。例如，零售业在新技术的催化下，发展出电子商务、社交电商等新型商业模式，既能拓宽销售渠道，还能通过数据分析和个性化推荐等手段，提升客户体验及其忠诚度。

创新资源的集聚与整合：形成强大合力。战略母产业的"催化剂"功能还体现在对创新资源的集聚和整合上。它就像一块磁铁，吸引着资金、人才、技术等各类创新要素向其汇聚。这些创新要素在新技术的催化下，能够产生强烈的化学反应，形成强大的创新合力。

通过建立创新平台、孵化器、加速器等多元化的创新载体，能够为创新要素提供良好的集聚和整合环境。这些创新载体，一方面能为创新团队和企业提供物理空间和基础设施支持；另一方面，通过提供创业指导、技术培训、资金支持等多元化服务，能够促进创新资源的优化配置和高效利用。

在这种环境下，创新要素得以充分流动和碰撞，在形成众多具有创新性和市场潜力的成果的同时，还通过其强大的市场影响力和号召力，吸引大量社会资本和风险投资的关注和支持。这些资金能为创新项目和企业提供重要的资金保障，推动新技术的研发、应用以及新产业的快速发展。在新技术的催化下，创新资源得以充分集聚和整合，形成推动经济高质量发展的强大动力。

市场需求的激发与创造：推动持续增长。战略母产业的"催化剂"功能还表现在对市场需求的激发和创造上。即通过提供个性化的产品和服务，满足消费者多样化的需求，激发市场的潜力和活力。通过深入挖掘市场需求，不断推出符合消费者需求的新产品和服务，推动市场繁荣发展。

以持续迭代发展的互联网行业为例，其通过提供个性化的搜索引擎、社交媒体、电子商务等平台，满足消费者对信息获取、社交互动和便捷购物的需求。这些平台通过大数据分析和机器学习等技术手段，不断优化用户体验和服务质量，激发市场的潜力和活力。同时，还通过不断创新和升级，创造新的市场需求。例如，智能手机的普及和移动互联网的发展，推动移动支付、共享经济等新兴业态成长，为消费者提供更加便捷和高效的服务体验。

此外，战略母产业还通过跨界融合和创新合作等方式，不断拓展新的市场领域和应用场景。例如，在医疗健康领域，其通过与医疗机构、科研机构等合作，推动远程医疗、智能诊断等新兴业态的发展，为医疗健康产业带来新的增长点和市场机遇。

由此而言，战略母产业的"催化剂"功能在推动经济高质量发展中发挥着重要作用，能够加快各产业间的融合与创新，推动传统产业转型升级和焕发新生机；通过集聚和整合创新资源，形成强大的创新合力；通过激发市场需求潜力和活力，推动经济持续增长和发展。在战略母产业的不断催化下，经济高质量发展步伐将更加稳健有力。

"加速器"：数智转型升级

在数字经济发展浪潮中，战略母产业除了作为基石和摇篮，还发挥着"加速器"的作用，就像一辆高速行驶列车的马达，驱动各产业和各领域快速前进。在新 IT 技术的强力驱动下，各产业的生产效率和市场响应速度都得到显著提升，市场竞争力也随之增强。这种"加速器"功能，体现在对各产业数字化转型和智能化升级的推动上；在创新成果快速转化和应用、产业结构优化和升级等多个方面，也展现出强大的加速能力。

数字化转型与智能化升级：提升产业竞争力。即通过提供先进的技术和创新的商业模式，帮助各产业实现数字化转型和智能化升级。这一转型过程既能提高生产效率和产品质量，还能显著降低运营成本，从而增强市场竞争力。

在传统制造业中，战略母产业的"加速器"功能尤为显著。其通过引入自动化生产线、智能机器人、物联网等先进技术，促使传统制造业实现生产过程的数字化和智能化。这样可以大幅提高生产效率、减少人力成本，通过精准的数据分析和质量控制手段，确保产品质量的稳定性和一致性。同时，还能推动制造业商业模式的创新，如发展定制化生产、服务型制造等，让制造业更好地满足市场需求，提升客户体验。

在服务业中，战略母产业同样发挥着重要的"加速器"作用。通过引入互联网思维和大数据技术，服务业得以重构价值链和商业模式，实现更高效的市场响应，提供更精准的客户服务。例如，在零售业中，电子商务、社交电商等新型商业模式加快发展，在拓宽销售渠道的同时，通过数据分析和个性化推荐等手段提升客户体验和忠诚度。

创新成果的快速转化和应用：推动技术进步。战略母产业的"加速器"

功能，也体现在对创新成果的快速转化和应用上。它就像一座桥梁，连接着科研机构和企业，将最新的科研成果迅速转化为实际的生产力。

一方面，通过建立产学研用一体化的创新体系，促进科研成果的快速转化和应用。这种体系能为科研机构提供资金支持和市场导向，为企业提供技术来源和人才支持。在该体系下，科研成果得以迅速转化为实际应用，推动技术的不断进步和产业的持续发展。例如，在人工智能领域，通过支持科研机构的研发工作，推动深度学习、自然语言处理等关键技术的突破，并将这些技术应用于智能制造、智慧城市等多个领域，能够产生巨大的经济效益和社会效益。

另一方面，通过建立创新平台、孵化器、加速器等多元化的创新载体，为创新成果提供良好的转化和应用环境。这些创新载体将为创新团队和企业提供物理空间与基础设施支持，并通过提供创业指导、技术培训、资金支持等多元化服务，促进创新成果的快速转化和应用。

产业结构的优化和升级：提供新增长点。战略母产业的"加速器"功能，还表现在对产业结构的优化和升级上。其通过推动传统产业向数字化、智能化方向转型，提高产业的整体素质和竞争力。

战略母产业通过提供先进技术和创新商业模式，帮助传统产业实现转型升级。这一转型过程可提高产业附加值和市场竞争力，并为经济发展提供新的增长点和动力源。例如，在农业领域，通过引入智能农业装备、精准农业技术等先进手段，推动农业生产的数字化和智能化发展。在提高农业生产效率和质量的同时，还能减少资源浪费和环境污染，为农业可持续发展提供新的路径。

与此同时，战略母产业通过培育新产业和新业态，为经济发展提供新的增长点和动力源；通过提供资金支持、技术研发、市场推广等多方面助力，推动新产业和新业态快速发展。

战略母产业的"加速器"功能，在促进数字经济发展过程中发挥着重要作用。一方面，它能帮助各产业实现数字化转型和智能化升级，提高产业竞争力；另一方面，通过加快创新成果转化应用和优化产业结构升级，得以为经济发展提供新增量、蓄积新动能。

"呵护力"：筑基护航输血

从基石、摇篮到加速器，战略母产业不知疲倦，在数字经济发展中展现出强大的"呵护力"。战略母产业及其相关政策体系，将呵护更多的新兴产业，通过提供稳定的技术支持和市场保障，助其抵御市场风险，实现健康成长和持续发展。

稳定的技术支持与市场保障：为新兴产业筑基。新 IT 技术的强力驱动，为新兴产业带来坚实的技术支撑和市场保障。这种"呵护力"既体现在技术层面的稳定支持，更在于战略母产业支持政策的实施，它能为新兴产业创造一个稳定可靠的市场环境，持续抵御外部风险，从而助其实现健康成长。

为新兴产业筑基，重在建立健全技术支持体系，为新兴产业提供创新驱动发展动能，包括带来前沿的技术解决方案、持续的技术创新动力。这一体系涵盖技术研发、技术应用、技术转移等多个环节，确保新兴产业能够及时获取最新技术成果并转化为实际生产力。同时，运用各种市场保障机制，为新兴产业提供稳定的市场需求和销售渠道，帮助其快速打开市场，实现规模化发展。

以人工智能产业为例，它通过提供强大的计算能力、丰富的数据资源和先进的算法模型，为人工智能企业提供坚实的技术基础；通过市场推广、政策扶持等手段，为人工智能产业创造广阔的市场空间和应用场景，推动产业快速发展和广泛应用。

创新生态的营造与维护：为新兴产业护航。战略母产业的"呵护力"，还体现在对创新生态的营造和维护上，包括建立完善的创新体系和机制，为新兴产业提供良好的创新环境和条件，推动创新要素集聚和创新成果涌现。

为新兴产业护航，重在建立健全创新生态体系，为新兴产业提供开放包容的发展空间。通过整合创新资源、优化创新环境、完善创新机制等方式，营造开放、协同、包容的创新生态。

这样的生态，能吸引大量创新人才和团队，还可促进跨学科、跨领域创新合作，推动创新成果快速转化和应用。在此过程中，应建立健全知识产权保护制度和创新激励机制，依法保护创新者合法权益，持续激发全社会的创新活力。

以生物科技产业为例，它通过建设生物科技园区、提供研发资金支持、建立产学研合作机制等方式，为企业创造良好的创新生态。其在促进生物科技领域的技术突破和成果转化的同时，将推动生物科技产业与医疗健康、农业等多领域融合发展。

人才与企业的培养和支持：为新兴产业输血。战略母产业的"呵护力"，也表现在对人才和企业的培养和支持上。通过提供专业化的培训和服务，它能够帮助人才和企业提升技能和能力，增强市场竞争力，为数字经济持续健康发展提供有力的人才和企业支撑。

为新兴产业输血，重在建立健全人才培养体系，为新兴产业提供源源不断的人才支持。这一体系涵盖高等教育、职业培训、继续教育等多个层面，确保人才培养的全面性和持续性。与此同时，通过提供企业支持服务，如创业指导、融资协助、市场拓展等，帮助新兴企业克服初创期的困难，驶入发展的快车道。

总体来看，战略母产业的"呵护力"不容忽视。一方面，通过提供稳定的技术支持和市场保障，助力新兴产业更好抵御市场风险，实现健康成长。

另一方面，通过营造和维护创新生态，为新兴产业创新发展提供有力支撑和坚实保障。此外，通过培养人才和支持企业，为数字经济持续健康发展提供人才与市场支撑。我们看到，更多的新兴产业正在茁壮成长，将为数字经济繁荣发展贡献持久力量。

大模型驱动数字经济新变革

随着"战略母产业"的支撑力和渗透力越来越强，数字经济已成为推动经济增长、创新发展和国际竞争的核心力量。而大模型技术作为"战略母产业"和数字经济的关键创新引擎，正以前所未有的速度重塑各个产业的发展格局，为经济增长注入新的活力与机遇。

DeepSeek 引发的大模型投入成本讨论备受关注，这一现象背后是大模型在技术创新、产业应用等多方面的深刻变革。为此，不妨剖析大模型在数字经济发展中的核心地位、应用影响、面临挑战及未来趋势，探索其如何驱动数字经济实现新的飞跃。

大模型崛起：数字经济的新引擎

大模型的技术演进与经济价值。大模型的发展是一个技术持续迭代、创新不断深化的过程。从早期简单的神经网络模型到如今参数规模庞大、功能日益强大的深度学习大模型，技术的每一次突破都带来了能力的跃升。以 GPT 系列为代表的大语言模型以及一些优秀的国产大模型，通过对海量文本数据的学习，具备强大的语言理解和生成能力，能够处理复杂的自然语言任务，如智能写作、问答系统等。这种能力的提升不仅在技术层面具有重要意义，更在经济领域创造了巨大价值。

从成本—收益角度看，大模型虽然前期研发投入巨大，涉及算法优化、数据收集与标注、硬件设施建设等多方面的高额成本，但随着模型的应用拓展和规模效应的显现，其边际成本逐渐降低，收益却呈指数级增长。例如，在智能客服领域，大模型驱动的智能客服系统可以替代大量人工客服工作，企业一次性投入开发成本后，后续运营成本相对较低，却能显著提高客户服务的效率和质量，降低人力成本，增加客户满意度，进而提升企业的市场竞争力和经济效益。

大模型与数字经济的深度融合。大模型与数字经济的融合是全方位、多层次的。在数字产业化方面，大模型技术催生了新兴的产业形态，促使人工智能芯片研发、数据标注服务、模型训练与优化等相关产业蓬勃发展。这些产业以大模型为核心，形成了完整的产业链条，推动了数字产业的结构升级和规模扩张。

在产业数字化进程中，大模型的应用更是为传统产业带来了革命性的变革。制造业借助大模型实现生产流程的智能化优化，通过对生产数据的实时分析和预测，提前发现设备故障隐患，合理安排生产计划，提高生产效率，降低生产成本。农业领域利用大模型进行精准农业管理，根据土壤、气候、作物生长数据，实现精准施肥、灌溉，提高农作物的产量和质量。金融行业依靠大模型进行风险评估、投资决策和客户信用分析，提升金融服务的准确性和效率，降低金融风险。可以说，大模型已成为传统产业数字化转型的关键支撑技术，加速了产业数字化的进程，推动数字经济向纵深发展。

大模型应用全景：多领域赋能与经济影响

大模型在交通出行领域的创新应用。自动驾驶是大模型在交通出行领域的典型应用，相关自动驾驶项目展现了大模型技术在提升交通效率、降低安全风险方面的巨大潜力。通过搭载先进的自动驾驶大模型，车辆能够对复杂的路况进行实时感知和准确判断，实现车辆的自主驾驶。这一技术的应用，从宏观经济层面看，有望大幅减少交通事故造成的经济损失。据统计，每年全球因交通事故导致的经济损失高达数千亿美元，自动驾驶技术的普及可以显著降低事故发生率，从而释放出大量的经济资源，用于其他领域的发展。

从微观企业层面分析，自动驾驶技术的应用将改变物流运输行业的成本结构。物流企业采用自动驾驶车辆，可以减少人工驾驶成本，提高运输效率，降低货物损耗。同时，自动驾驶车辆的运行更加规范，能够优化交通流量，缓解城市交通拥堵，降低社会的交通成本，提高城市的经济运行效率。

大模型在智能办公领域的变革性影响。大模型在智能办公领域的应用正深刻改变着企业的办公模式和生产效率。以某文库为例，其在大模型赋能下重构为"一站式 AI 内容获取和创作平台"，推出智能 PPT、智能写作等多项功能。这些功能的出现，极大地简化了办公流程，提高了文档创作和处理的效率。

从经济学的生产函数理论来看，大模型技术作为一种新的生产要素，与劳动力、资本等传统要素相结合，显著提高了生产效率。员工利用智能办公工具，可以在更短的时间内更高质量地完成工作任务，相当于在不增加劳动力投入的情况下，实现了产出的增加。这不仅提升了企业的竞争力，还推动了整个办公软件行业的创新发展，并且能够带动相关产业的升级，创造更多的经济价值和就业机会。

大模型在金融领域的创新实践与风险挑战。在金融领域，大模型被广泛应用于风险评估、投资决策、客户服务等多个环节。金融机构利用大模型对海量的金融数据进行分析，能够更准确地评估客户的信用风险，优化投资组合，提高投资回报率。例如，通过对市场趋势、企业财务数据、宏观经济指标等多维度数据的深度学习，大模型可以为投资者提供更精准的投资建议，帮助金融机构更好地配置资产。

随着大模型在金融领域的应用，数据安全和隐私保护问题成为重中之重。金融数据涉及客户的敏感信息，一旦泄露将造成严重的后果。此外，模型的算法偏见可能导致不公平的风险评估结果，影响金融市场的公平性和稳定性。因此，在推动大模型在金融领域应用的同时，必须加强监管和风险管理，确保金融市场的健康稳定发展。

大模型发展的经济挑战与应对策略

数据要素的困境与突破。数据作为大模型训练的基础，其质量和规模直接影响模型的性能。目前，数据要素面临着诸多困境。一方面，"数据孤岛"现象严重，不同企业、机构之间的数据难以共享流通，导致数据资源的浪费和重复收集，增加了数据获取成本；另一方面，数据隐私保护与数据利用之间存在矛盾，随着数据安全意识的提高，严格的数据隐私法规限制了数据的使用方式，使得大模型在获取和使用数据时面临诸多约束。

为突破这些困境，需要建立健全数据共享机制和数据交易市场。政府应发挥引导作用，制定统一的数据标准和规范，促进数据的合规共享与流通。同时，加强数据隐私保护技术的研发，如运用联邦学习、同态加密等技术，可以在保护数据隐私的前提下，实现数据的有效利用，为大模型的发展提供充足的数据支持。

算力瓶颈的制约与解决途径。算力是大模型训练的核心支撑，随着模型规模的不断扩大和复杂度的提高，对算力的需求呈指数级增长。当前，算力瓶颈已成为制约大模型发展的重要因素。高昂的算力成本使得许多企业难以承受大规模模型训练的费用，同时，算力基础设施的不足也限制了模型训练的效率和速度。

解决算力瓶颈问题，需要加大对算力基础设施的投入。一方面，加快高性能计算芯片的研发和生产，提高芯片的计算能力和能效比，降低算力成本。另一方面，推动云计算、边缘计算等算力服务模式的发展，通过资源共享和优化调度，提高算力的利用效率。此外，探索新型计算技术，如量子计算，有望为大模型的发展带来更强大的算力支持。

人才短缺的现状与培养策略。大模型领域的快速发展导致相关专业人才严重短缺。大模型的研发和应用依赖于具备深厚的数学、计算机科学、人工智能等多学科知识的复合型人才，而目前这类人才的培养体系尚不完善，高校和职业教育机构的课程设置与市场需求存在差距，企业内部的人才培训机制也不够成熟。

为缓解人才短缺问题，教育部门应优化高校和职业教育的课程设置，增加人工智能、大模型相关的专业课程和实践教学环节，培养具有扎实理论基础和实践能力的专业人才。企业应加强与高校、科研机构的合作，建立产学研联合培养机制，通过实习、项目合作等方式，提高人才的实际操作能力。同时，政府和企业应共同营造良好的人才发展环境，提供有竞争力的薪酬待遇和职业发展空间，吸引和留住优秀人才。

大模型的经济前景与全球竞争格局

大模型推动数字经济增长的潜力预测。从宏观经济层面看，大模型将成为推动数字经济持续增长的核心动力。随着大模型技术的不断成熟和应用范围的扩大，其对各个产业的赋能效应将进一步显现。预计在未来几年，大模型在制造业、农业、服务业等领域的深度应用，将推动这些产业的生产效率大幅提升，促进产业结构优化升级，创造更多的经济附加值。

根据相关研究机构的预测，到 2030 年，大模型技术有望带动全球数字经济规模增长数万亿美元，成为全球经济增长的重要引擎。在国内，大模型的应用将助力数字经济实现高质量发展，推动中国在全球数字经济竞争中占据领先地位。

全球大模型市场的竞争态势分析。目前，全球大模型市场呈现出激烈的竞争态势。美国凭借其在人工智能技术研发、高校科研实力和科技巨头方面的引领优势，在大模型领域处于领先地位，以 OpenAI、谷歌等为代表的企业在技术创新和市场应用方面取得了显著成果。中国作为数字经济发展的重要力量，在大模型领域也取得了长足的进步，DeepSeek 等企业积极布局，不断推出具有竞争力的大模型产品，在中文语言处理、特定领域应用等方面展现出独特的优势。

此外，欧洲、日本、韩国等国家和地区也纷纷加大对大模型技术的研发投入，试图在全球大模型市场中占据一席之地。在这场全球竞争中，技术创新能力、数据资源优势、人才储备以及政策支持将成为决定企业和国家竞争力的关键因素。

中国大模型产业的发展机遇与应对策略。中国在大模型产业发展方面面临独特的机遇。庞大的人口基数为大模型提供了丰富的数据资源，数字经济的快速发展为大模型应用提供了广阔的市场空间，同时，政府对科技创新的高度重视和政策支持为大模型产业的发展创造了良好的政策环境。

面对机遇，中国大模型产业应采取积极的应对策略。企业要加大研发投入，提高自主创新能力，突破关键核心技术，打造具有国际竞争力的大模型产品。加强产学研合作，促进技术成果转化和应用推广。政府应继续完善政策支持体系，加大对大模型研发、人才培养、基础设施建设等方面的投入，加强知识产权保护，规范市场竞争秩序。同时，积极参与国际合作与竞争，推动中国大模型技术和产品走向国际市场，提升中国在全球大模型领域的话语权和影响力。

　　大模型作为数字经济时代的核心技术，正深刻改变着经济发展的格局和模式。尽管在发展过程中面临着诸多挑战，但随着技术的不断进步、政策的逐步完善以及市场的深度培育，大模型必将为数字经济的发展注入源源不断的动力，推动全球经济实现新一轮的增长和变革。在这场数字经济的浪潮中，中国应抓住机遇，积极应对挑战，充分发挥自身优势，推动大模型产业蓬勃发展，为经济的高质量发展和国际竞争力的提升奠定坚实基础。

自动驾驶技术重塑未来城市

　　随着科技飞速发展，基于传感器、人工智能等融合的自动驾驶技术作为"战略母产业"的重要应用技术，逐渐成为全球汽车产业关注的焦点，不仅预示着交通方式的革新，更代表了科技与生活深度融合的未来趋势。任何新兴技术的推广与应用，都不可避免地会遭遇传统利益的阻碍。为此，需要多角度深入探讨自动驾驶的必要性、优势、所面临的挑战及应对策略等，以更全面地理解前沿科技发展的必然趋势。

自动驾驶是科技发展必然

　　自动驾驶技术的崛起与发展，不仅是科技进步的产物，更是社会、经济和交通发展趋势的必然结果。从多个角度来看，自动驾驶都展现了其作为科技发展必然趋势的合理性和前瞻性。

　　首先，自动驾驶技术的出现是多项前沿科技融合的典范。在传感器技术方面，高精度雷达、激光雷达（LiDAR）、摄像头以及超声波传感器等高精度设备的不断革新，使得车辆能够实时、准确地感知周围环境，包括障碍物、行人、车辆以及道路标志等。这些传感器数据的融合与分析，为自动驾驶系统提供了丰富的环境感知信息，能够确保行车的安全性。

在数据处理与控制算法方面，随着计算机视觉、深度学习等人工智能技术的快速发展，自动驾驶系统能够处理海量的传感器数据，并作出迅速且准确的决策。这些算法不断优化，使得自动驾驶车辆在复杂多变的交通环境中表现出色，进一步验证了自动驾驶技术的成熟度和可靠性。

其次，自动驾驶技术的兴起也回应了社会对交通效率和安全性的迫切需求。随着全球汽车保有量的不断增加，交通拥堵和交通事故已成为严重的社会问题。自动驾驶技术的引入，有望通过精确的行驶控制和智能化的交通管理，显著降低交通事故的发生率，提高道路使用效率。据相关研究预测，自动驾驶汽车的广泛应用将大幅减少由人为失误导致的交通事故，从而提升整体交通安全水平。

此外，自动驾驶技术还与智能交通系统（ITS）的发展紧密相连。ITS通过将车辆、道路基础设施、交通管理中心等元素紧密连接，实现信息的实时共享与高效利用。自动驾驶车辆作为ITS的重要组成部分，将能够与其他交通参与者无缝对接，共同构建一个高效、安全的交通环境。这种智能交通模式的推广，会极大地提升城市交通的整体运行效率，为人们的出行带来更加便捷、舒适的体验。

最后，自动驾驶技术的发展也符合全球可持续发展的趋势。面对日益严峻的气候变化挑战，各国政府都在积极推动低碳、环保的出行方式。自动驾驶技术通过优化行驶路线、减少不必要的加速和刹车等操作，有助于降低汽车的能耗和排放。同时，随着新能源汽车的普及和充电基础设施的完善，自动驾驶电动汽车将成为未来交通的主流选择，进一步推动交通领域的绿色低碳转型。

除了上述技术和社会需求的推动外，政策支持和市场趋势也为自动驾驶技术的发展提供了有力保障。多个国家和地区已经将自动驾驶列为战略性新兴产业，并出台了相应的扶持政策和法规标准。同时，资本市场对自动驾驶技术的关注度持续升温，为相关企业的研发和创新提供了充足的资金支持。

因此，自动驾驶技术的出现和发展是科技进步、社会需求、交通生态和可持续发展等多重因素共同推动的结果，既代表着未来交通方式的发展方向，又展现了作为科技发展必然趋势的合理性和前瞻性。随着技术的不断完善和市场的逐步成熟，自动驾驶将为人类社会带来更加安全、高效、环保的出行体验。

不可替代的自动驾驶优势

自动驾驶技术作为当今科技前沿的代表，其优势显而易见且影响深远。从提升交通安全性到改善交通效率，再到增强出行体验，自动驾驶正逐步改变人们的交通方式和生活质量。

自动驾驶技术的首要优势在于其能够显著提升交通安全性。根据相关统计数据，全球每年因交通事故造成的人员伤亡和经济损失令人触目惊心。而大多数交通事故的根源在于人为失误，如驾驶员的疲劳、分心、酒驾或超速驾驶等。自动驾驶技术的引入，正是为了从根本上解决这一问题。

自动驾驶车辆配备了高精度传感器和先进的控制算法，能够实时感知周围环境并作出准确判断。这些传感器包括雷达、激光雷达、高清摄像头等，它们能够捕捉到比人类驾驶员更丰富的信息，且不受疲劳、情绪等人为因素的影响。因此，自动驾驶车辆在应对突发情况、避免碰撞和减少事故风险方面具有显著优势。

此外，自动驾驶技术还可以通过车辆间的通信和协同，实现更加智能的交通管理。例如，当某一路段发生交通事故或拥堵时，自动驾驶车辆可以迅速接收到相关信息，并重新规划行驶路线，从而避免进入危险或拥堵区域。这种智能化的交通管理方式，不仅有助于降低交通事故的发生率，还能提高道路的整体通行效率。

自动驾驶技术的另一个显著优势在于其能够有效提高交通效率。随着城市化进程的加速和汽车保有量的不断增加，交通拥堵已成为全球性的难题。而自动驾驶技术的引入，有望通过智能化的交通管理缓解这一困境。

自动驾驶车辆能够与交通信号灯、道路基础设施等实现实时数据交换，从而优化行驶路线和行车速度。例如，在红绿灯路口，自动驾驶车辆可以准确判断信号灯的变换时间，并合理控制车速，以减少不必要的停车和启动。这种智能化的行驶方式，不仅能够提高道路使用效率，还能减少能源消耗和排放。

此外，自动驾驶技术还有助于实现车辆间的协同行驶。通过车辆间的通信和信息共享，自动驾驶车辆可以形成车队或编队行驶，从而减少车辆间的距离和速度差异，提高整体通行效率。这种协同行驶方式，在高速公路等特定场景下具有显著优势。

自动驾驶技术的第三个优势在于其能够带来更加舒适的出行体验。在自动驾驶模式下，乘客可以解放双手和双脚，无需时刻关注路况和操作车辆。这种轻松的出行方式，不仅能够减轻驾驶员的疲劳和压力，还能让乘客在旅途中享受更加自由、舒适的时光。

同时，自动驾驶技术还能为乘客提供更加个性化的出行服务。通过智能化的导航系统和信息服务，自动驾驶车辆可以根据乘客的需求和偏好，推荐最佳的行驶路线和目的地。这种个性化的出行服务，不仅能够满足乘客的多样化需求，还能提升整体的出行品质。

如上所述，自动驾驶的优势体现在交通安全性的显著提升、交通效率的有效提高以及出行体验的明显改善等多个方面。随着技术的不断进步和应用的广泛推广，自动驾驶将为交通出行带来更加革命性的变化。其不仅有望解决当前交通领域面临的诸多挑战，还将为人们创造更加便捷、高效和舒适的出行环境，推动社会的可持续发展。

应对自动驾驶面临的挑战

自动驾驶技术尽管具有诸多优势和广阔的发展前景，但在实际应用中也面临着多方面的挑战。这些挑战涉及技术、法规以及公众接受度等多个层面，需要全面考虑并解决，以确保自动驾驶技术的安全、可靠和广泛应用。

技术挑战。自动驾驶技术的核心在于其感知、决策和执行能力。然而，当前的自动驾驶系统在某些复杂环境下仍面临感知不准确、决策不及时等技术难题。例如，在恶劣天气条件下，传感器可能受到干扰，导致感知数据失真或缺失，进而影响自动驾驶系统的准确判断。此外，自动驾驶系统在处理突发情况时的反应速度和准确性也有待提高。这些技术上的不足，直接影响了自动驾驶系统的安全性和可靠性。为了克服这些技术挑战，需要持续投入研发，优化算法，提升传感器的性能和稳定性。同时，还需要加强对自动驾驶系统在复杂环境下的测试和验证，确保其在实际应用中的表现符合预期。

法规挑战。自动驾驶技术的发展和应用，需要得到法律法规的支持和规范。然而，目前各国针对自动驾驶的法律法规尚不完善，存在诸多空白和争议。例如，自动驾驶车辆的责任归属、事故处理、数据安全等问题都缺乏明确的法律规定。这不仅给自动驾驶技术的推广和应用带来了不确定性，也可能导致潜在的法律纠纷和社会问题。为解决这些法规挑战，需要政府、企业和研究机构共同努力，推动自动驾驶相关法律法规的制定和完善。同时，还需要建立有效的监管机制，确保自动驾驶技术的合规性和安全性。

公众接受度挑战。自动驾驶技术的推广和应用，还需要克服公众接受度的挑战。尽管自动驾驶技术具有诸多优势，但公众对其安全性和可靠性仍存在疑虑。此外，部分人对驾驶的乐趣和自主性有较高追求，可能对自动驾驶技术持保留态度。为了提高公众对自动驾驶技术的接受度，需要加强科普宣传和教育，让公众更加了解自动驾驶技术的原理、优势和应用前景。同时，还需要积极推动自动驾驶技术的实际应用和示范项目的开展，让公众亲身感受和体验其带来的便利和安全性。

此外，自动驾驶技术在实际应用中还面临多方面挑战。为了应对这些挑战，需要从技术、法规和公众接受度等多方面入手，实施加强研发创新、完善法律法规、建立道德准则和提高公众认知等措施。唯其如此，才能确保自动驾驶技术的安全、可靠和广泛应用，为人类社会的交通出行带来更具革命性的变化。同时，也需要认识到自动驾驶技术的发展是一个长期的过程，需要政府、企业、研究机构和公众等各方共同努力和协作，才能实现其最终目标。

自动驾驶重塑交通与生活

自动驾驶技术作为当今科技前沿的代表，其未来的发展潜力和影响深远而广泛。从技术创新、市场应用到社会影响，自动驾驶正逐步塑造着未来的交通方式和生活质量。

其一，技术创新推动自动驾驶持续进步。随着科技的不断进步，自动驾驶技术将迎来更多的创新突破。传感器技术、人工智能算法、5G通信等关键技术的持续发展，将为自动驾驶提供更加坚实的基础。高精度地图、车路协同等技术的融合应用，将进一步提升自动驾驶的感知、决策和执行能力。

自动驾驶系统未来将更加智能化和自主化。通过深度学习和持续优化，自动驾驶系统将能够更好地理解和应对复杂的交通环境，提高行驶的安全性和效率。同时，自动驾驶技术还将与其他智能技术相结合，如物联网、大数据等，共同构建一个更加智能、高效的交通生态系统。

其二，自动驾驶的广泛应用推动交通产业升级。自动驾驶技术的广泛应用将深刻改变交通产业的面貌。随着自动驾驶技术的不断成熟和成本的降低，越来越多的车辆将配备自动驾驶系统，从而推动整个交通产业的升级和转型。

自动驾驶的普及将带来交通效率的显著提升。通过智能化的交通管理和车辆协同，自动驾驶将有效减少交通拥堵和交通事故，提高道路使用效率。这将为城市交通规划和基础设施建设带来新的思路和要求，推动交通产业的创新和优化。

与此同时，自动驾驶还将带动相关产业链的发展。从传感器制造、算法研发到系统集成，自动驾驶技术的应用将催生一系列新的产业机会和就业岗位。这将为经济增长和产业发展注入新的动力。

其三，自动驾驶塑造未来出行方式。自动驾驶技术的广泛应用将深刻改变人们的出行方式。在自动驾驶的推动下，共享出行、无人驾驶公共交通等新型出行模式将逐渐兴起。人们将不再需要亲自驾驶车辆，而是可以通过手机或其他智能设备预约自动驾驶车辆，实现便捷、高效的出行。

自动驾驶还将为特殊人群提供更加便捷的出行服务。例如，老年人、残疾人等行动不便的人群，可以通过自动驾驶车辆实现更加自主和方便的出行。这将有助于增进社会福祉及其包容性。

此外，自动驾驶技术的广泛应用，不仅将改变人们的出行方式，还会对整个社会产生深远的影响。自动驾驶将提高交通安全性，减少交通事故造成的人员生命和财产损失，为家庭和社会带来更加安全和稳定的交通环境。

随着技术的不断创新和市场的广泛应用，自动驾驶将为人们的交通出行带来更具革命性的变化。但也要认识到，自动驾驶技术的发展是一个复杂而长期的过程，需要政府、企业、研究机构和公众等各方共同努力和协作，才能实现其最终目标。通过持续的技术创新、合理的政策引导和广泛的社会参与，自动驾驶技术将为人类社会的未来发展带来更加广阔的前景和深远的影响。

不可因传统利益阻碍创新

在人工智能日益受到瞩目的当下，"AI 是否会替代人类""AI 是否引发失业危机""AI 伦理风险"等话题引发了广泛的讨论和关注。这些担忧虽然存在，但仍应抱持乐观态度，坚信人类与 AI 能够"携手"共进，共同进化。

有一种普遍担忧，认为 AI 技术的迅猛发展将导致大量人类失业。然而，回顾人类历史，每一次技术革新都推动了生产力的飞跃。但也必须认识到，历史上确有因传统利益阻挠而错失发展良机的例子。自动驾驶作为 AI 技术的现实应用，自然也不可避免地引发了关于就业和生计的讨论。然而，实践已经证明，新技术的出现并非会消灭岗位，而是推动了产业升级，并催生了更多的就业机会。

自动驾驶技术的崛起，不仅为汽车和出行领域带来了革命性的变化，更促进了安全员、监督员等新兴职业的诞生。招聘平台数据显示，自动驾驶产业的招聘需求逐年攀升，成为就业市场的新热点。世界经济论坛发布的报告也预测，未来五年内，全球与人工智能和数字化相关的工作岗位将新增约 6 900 万个。英国政府更是预计，自动驾驶的发展将释放巨大的行业潜力，创造数万个技术性工作岗位。

自动驾驶的发展不仅限于汽车领域，更涉及芯片、物联网、城市基建等多个领域，成为数字经济与实体经济深度融合的重要力量。全球多国已经纷纷出台自动驾驶相关的法律法规，加大产业投入与部署力度。中国也在加速自动驾驶相关立法工作，以推动这一新兴产业的健康发展。

当前，中国自动驾驶正处于规模化落地的关键阶段，需要政府、企业和社会各界共同努力，在现有政策法规的基础上进一步完善自动驾驶相关的法律框架，以培育和壮大这一新质生产力。这不仅对中国智能汽车产业的未来发展具有重要意义，更将为中国汽车产业在全球竞争中取得领先地位提供有力支撑。

工信部已表示，将明确智能网联、自动驾驶、网络安全、数据安全等方面的要求，在法律层面为自动驾驶汽车的上路通行、交通事故处理及责任分担等问题提供明确指导。

总之，不应因传统利益而阻挠创新的步伐。自动驾驶技术的发展不仅将推动产业升级，创造更多就业机会，更将深刻改变人们的生活方式，带来更加便捷高效的未来。

延伸阅读·杭州实践

凭借敏锐的洞察力和积极的探索精神，杭州在智能技术领域走在城市前列，为其他各地提供宝贵的发展思路与实践范例。

杭州高度重视培育具备先导性的战略性新兴产业，将其视为促进城市经济发展的重要动能。这与笔者提出的"战略母产业"正不谋而合——以新IT产业为基石，全力打造涵盖科技赋能、产业基石等多功能的战略母产业集群。在政策扶持上，政府应设立专项基金，对战略母产业相关企业给予资金支持，助力企业开展技术研发与创新应用。例如，应鼓励企业在人工智能、大数据等领域加大投入，推动新兴技术在各产业的广泛应用，充分发挥战略母产业的"孵化器""催化剂""加速器"和"呵护力"功能，构建起繁荣的产业生态。

在通用人工智能领域，杭州加快夯实大模型、智能算力集群、高质量数据集等核心基础，聚焦模型应用，突破跨媒体感知、自主无人决策、群体智能构建等关键技术。在大模型技术方面，杭州积极布局并推动其与数字经济深度融合。企业加大研发投入，吸引众多优秀人才投身大模型研发。通过产学研合作，不断提升大模型的技术水平与应用能力。目前，以杭州深度求索的 DeepSeek 大规模应用为标志，国产大模型技术已在多个领域展现出显著优势。在智能办公领域，相关企业利用大模型开发出智能文档处理工具，大大提高办公效率。在金融领域，大模型助力金融机构更精准地进行风险评估和投资决策……

在智能出行领域，杭州政府积极制定相关条例和政策，为无人驾驶技术的发展提供有力保障。2024 年 4 月 30 日，杭州市宣布自 5 月 1 日起，主城区将全面开放无人驾驶车辆的行驶。同时，《杭州市智能网联车辆测试与应用促进条例》也于同日生效。杭州市成为全国首个除经济特区外，通过地方立法明确自动驾驶车辆上路流程的城市，并且是首个为低速无人车立法的城市。

推进智能技术应用，重在持续完善政策支持体系，加大对大模型、自动驾驶等领域的资金投入与政策扶持；加强产学研合作，促进技术创新与应用；积极开展试点项目，推动新技术落地与推广。杭州实践表明，通过上述举措的有效实施，可提升城市的智能竞争力，加快智能化升级进程。

附录一

关于促进智能物联产业高质量发展的若干意见

为落实国家发展数字经济的战略规划和省、市有关任务部署，推动我市数字经济核心产业发展，加快构建现代产业体系，现就促进智能物联产业高质量发展提出如下意见。

一、总体要求

以数字化改革为引领，深入实施数字经济"一号工程"升级版，构建以视觉智能为引领，云计算大数据、高端软件和人工智能、网络通信、集成电路、智能仪表为重点的万亿级智能物联产业生态圈，建设产业兴盛、万物智联、全域感知的"数智杭州"，勇当数字经济开路先锋，在稳进提质中扛起省会担当，在"两个先行"中展现头雁风采。

到 2025 年，全市智能物联产业规模超 1 万亿元，推动产城人"物联、数联、智联"，形成重大标志性成果 100 项，加速构建以数字经济为引领的现代产业体系，打造智能物联卓越城市。

——产业发展蓬勃兴盛。硬核实力全面提升，打造万亿级智能物联产业生态圈，产业基金规模达 1 000 亿元，开发应用智能物联新产品 1 000 个，数字经济核心产业全员劳动生产率提升 50%。

——企业培育成效显著。培育智能物联千亿级链主企业 2 家、百亿级软件企业 15 家、未来产业龙头企业 10 家，大力培育"专精特新"中小企业和国家高新技术企业，形成链主企业和中小企业协同的"雁阵"梯队。

——科技创新自立自强。创新指数保持前列，在智能物联领域突破关键核心技术 100 项，建设大科学装置 2 个，引进智能物联领域领军人才 50 名，主导和参与制定国际、国家、行业和"浙江制造"标准 100 项。

——数字基建绿色高效。实施数字新基建项目 50 项，建成泛在融合的城市级 AIoT 基础设施，实现双千兆网络全覆盖，人工智能及区块链平台生态全国领先。

——数字治理全国领先。城市大脑深化发展，聚焦全面深化改革、数字化改革，结合实际实施一批引领性、标志性重大场景应用。

二、培育智能物联先进制造业集群，打造数字经济硬核产业

（一）打造智能物联世界级先进制造业集群。以视觉智能为突破口，初步建成"视谷"产业地标，探索数字产业链群互联融合发展，打造产业链协同、特色明显、开放合作的万亿级智能物联产业生态圈。到 2025 年，形成以 1 个世界级先进制造业集群为引领，视觉智能、云计算大数据、高端软件和人工智能、网络通信、集成电路、智能仪表等 6 条千亿级产业链交融并进的"1 + 6"产业链群。

（二）优化产业空间布局。以杭州高新开发区（滨江）电子信息（物联网）产业示范基地和杭州城西科创大走廊、城东智造大走廊为重点，打造智能物联产业生态圈"一核两廊"空间布局。发挥产业平台主阵地作用，围绕"1 + 6"产业链群，全面拓展产业发展新空间。

（三）加快布局未来产业。强化创新要素支撑，抢占未来技术新赛道，重点谋划网络安全、区块链、虚拟现实、元宇宙、量子科技、未来网络、深海空天等未来产业，推进未来产业创新平台和应用场景建设，推动智能物联产业迭代升级。到 2025 年，培育省级"新星"产业群 5 个、未来产业先导区 3 个。

（四）开发智能终端优势产品。聚焦数字安防、工业视觉、自动驾驶、智能计量、智能家居、智能医疗、智能办公、智能环保、智慧能源、智能农业等领域，开发智能终端优势产品。加强"芯屏端网云用智"集成，推动产品智联化，引导开发一批优势产品。到 2025 年，培育智能终端首台套产品 100 项、优质产品 500 项，形成可输出的城市级、产业级、企业级智能物联解决方案 1 000 项。

三、实施产业链链长制，优化产业发展生态

（一）统筹推进产业链链长制全覆盖。实施产业链链长制，推进视觉智能稳链固链，云计算大数据、高端软件和人工智能、网络通信、集成电路、智能仪表强链补链。绘制产业链图谱，动态更新"招商清单""创新清单""项目清单"，完善协调机制，推动产业链整体提升。

（二）做强做大链主企业。培育"雄鹰""鲲鹏"企业，打造一批具有全球竞争力、产业链供应链控制力的平台型企业和链主企业。实施数字工厂标杆企业培育行动，优化"平台＋专精特新"企业生态。鼓励链主企业牵头建设数字经济产业园，强化与关键核心配套企业协同。到 2025 年，建立产业链上下游共同体 50 个。

（三）做优产业链供应链生态。聚焦智能物联"端"产业链供应链的自主可控，探索政府引导、链主企业牵头、中小企业协同、第三方参与的工作机制，鼓励链主企业建设协同创新联合体和稳定配套联合体，争创产业链供应

链生态体系建设试点。组织推进产业链对接会，完善产业链供应链生态体系。

（四）招引产业链重大项目补链。以智能物联强链稳链固链为目标，强化产业链招商，举办智能物联主题招商活动，推动链主型项目落地。强化重大项目区域协同机制，招引一批急用先行项目，补齐产业链短板。到 2025 年，招引智能物联重点项目 100 个，产业投资达 1 000 亿元。

四、攻坚关键核心技术，构建创新平台体系

（一）加强关键技术攻关。强化重大前沿基础研究，面向智能感知、智能网络、智能平台、智能计算等领域征集技术攻关清单，突破数字孪生、脑机接口、成像感知、端云协同等技术。推进终端产品、集成系统与基础技术协同创新。到 2025 年，智能物联领域突破关键核心技术 100 项。

（二）打造高能级创新平台。加强新型研发机构建设，提升技术支撑、检验检测、大数据应用等公共服务能力。推进智联汽车、无人机、动态无线充电、工业互联网等新技术新装备测试验证，解决关键共性技术难题。鼓励新型研发机构建设智能物联创新促进中心，构建智能物联技术标准专利池。到 2025 年，建设新型研发机构 10 家，培育创新服务平台 4 个。

（三）构建开放创新体系。加强云原生架构、关键算法资源、低代码工具和开发环境供给，培育智能物联开源社区和开放平台生态。鼓励企业输出数据、技术、知识模型和组件，参与产业大脑能力中心建设。到 2025 年，持续推进城市大脑、视频感知、国家新一代人工智能开放创新平台建设，对省级产业大脑能力中心的组件贡献数量占比超 30%。

五、布局全域感知体系，支持智能物联新基建

（一）部署智能城市基础设施。实施城市物联感知体系建设行动，建立全市统一的物联网感知设备标识和编码标准规范，建设公共视频监控一体化管

理平台。推进智能管网、智能充电桩等城市公共设施集成化智能化改造，建立覆盖"空天地人车"的全域智能感知体系。到 2025 年，建成覆盖全市的公共基础设施安全智能物联网。

（二）提升智能网络基础设施。深化千兆城市建设，升级骨干网和城域网，建设运营国家（杭州）新型互联网交换中心。强化园区、楼宇 5G 专网和室分系统建设，推进商业应用。加强高中低速蜂窝物联网协同部署，开展 IPv6 双栈改造，建设空天地网络融合架构，推动"北斗＋"创新应用。到 2025 年，建成覆盖全市的高质量 5G 网络，移动网络 IPv6 流量占比达 80%。

（三）优化智能算力基础设施。统筹推进数据中心从"云—端"集中式架构向"云—边—端"分布式架构演变，支撑"端边云网智"新型数字基础设施建设。推动之江实验室"智能计算数字反应堆"等智能算力基础设施建设。对接国家"东数西算"工程，探索云计算数据中心跨区域共建共享机制。加强数据中心监测评估，推进绿色化发展。鼓励大型数据中心采用节能技术，到 2025 年，力争实现 PUE 值低于 1.1。

六、聚焦智能物联应用，赋能产业数字化转型

（一）赋能制造业数字化。以"产业大脑＋未来工厂"为引领，推动制造业全环节、全链条数字化改造，高质量建设未来工厂。实施中小企业万企物联行动，拓展工业可视化、缺陷检测和产品组装定位引导等场景应用。建设一批跨行业跨领域工业互联网平台，促进"两业融合"、企业融通发展。建立制造资源征集发布制度和订单引流机制，打造全国智能制造和组织型制造领先城市。到 2025 年，培育"未来工厂"1 150 家，国内领先的工业互联网平台 5 个。

（二）赋能服务业数字化。打造新型消费中心城市，提升数字生活新服务能力。推进数字人民币试点，实施"二一二"场景应用。建设多式联运的智

慧物流网络，加快港站自动驾驶、智能调度等应用建设。高标准建设之江文化产业带，深化智能物联在文化创意、数字文娱领域应用。到 2025 年，建成智慧商圈 5 个、智慧街区 5 个，高水平建设"移动支付之城"。

（三）赋能数字乡村建设。聚焦"数字共富"，依托智能物联技术赋能乡村振兴和城乡区域一体化，加强农业生产种植、质量安全与溯源、防灾减灾、耕地监管等方面智能应用，推进未来乡村建设。积极发展智慧农游、民宿康养等新业态，推动乡村住宅、公共基础设施物联网标识改造，提升乡村数字供给能力。到 2025 年，建设未来农场 50 家、数字乡村 500 个。

（四）支持平台经济健康发展。优化平台经济生态环境，引导平台企业发挥市场和数据优势，加强关键技术创新，降低平台经济参与者经营成本，培育新业态新模式，赋能新经济发展。推进"互联网＋监管"应用，对新业态新模式包容审慎监管。到 2025 年，培育全球数字贸易平台 5 个，实现数字贸易额 4 000 亿元。

七、挖掘数据要素价值，打造数字治理名城

（一）推动数据要素市场化配置。建立健全政务数据资源共享开放管理规范，制定开放数据重点领域负面清单制度，争创公共数据授权运营省级试点。加快建设杭州国际数字交易中心，研究数据交易规则和业务规范，培育数据服务机构集聚生态，推动数据产品化服务化，争创国家和省数据要素市场化配置改革试点。

（二）发展大数据和数据安全产业。推动一体化智能化公共数据平台建设，提升公共数据"全量全要素"归集能力，促进大数据产业健康发展。加强基于智能物联新技术、新产品应用的相关法律、社会伦理研究，推动数据资源标准体系建设，提升数据管理水平和质量。支持从规范性、完整性、一致性、时效性等维度，对数据拥有方的全生命周期各阶段数据质量进行检验

检测，提升数据利用效能。依法合规有序向企业和机构开放重点领域数据信息，发展数据安全产业，构建特色数据产业生态。

八、完善支持保障措施

（一）加强组织保障。在市数字经济发展工作领导小组统筹下，落实产业链链长制，完善政企联席机制。健全智能物联产业统计体系，设立智能物联专家库。

（二）制定政策细则。聚焦智能物联全产业链，集聚政策要素资源，针对企业培育、创新用地、技术攻关、智能终端产品、产业基金、融资担保、新基建等领域制定实施细则。

（三）强化人才引育。建设智能物联紧缺人才目录，加强人才激励。实施"智联企业家培育计划"，着力培养顶尖企业家队伍，加强高技能人才培养。

（四）加大金融支持。完善政府产业基金运作机制，积极对接国家和省产业基金，拓宽融资渠道。支持供应链金融，加大对智能物联企业的综合金融服务。

（五）加强数据安全。推进数据分类分级管理、数据安全共享使用，强化个人信息保护，加强信息安全监管。

（六）营造良好氛围。提升政务服务便利化水平，推动涉企政策直达快享。组建智能物联产业联盟，开展智能物联领域高层次学术交流，推广宣传杭州智能物联品牌。

（七）深化开放合作。聚焦长三角一体化、G60科创走廊、环杭州湾城市群建设和杭甬合作，建立杭州都市圈跨区域数字产业协作机制，谋划建设环杭州湾数字产业带，为共同富裕作出杭州贡献。

附录二

杭州市人工智能全产业链高质量发展
行动计划（2024—2026 年）

为全方位提升杭州人工智能产业能级，推动人工智能全产业链创新链融合发展，打造全国领先、国际一流的人工智能产业创新发展高地，制定本行动计划。

一、总体要求

以习近平新时代中国特色社会主义思想为指导，围绕高水平实施"人工智能＋"行动和数字经济创新提质"一号发展工程"，以算力普惠供给为驱动，以模型创新突破为关键，以数据有序流通为支撑，以场景融合应用为牵引，构建人工智能全产业链推进体系，为高水平重塑全国数字经济第一城、奋力推进"两个先行"提供有力支撑。到 2026 年，力争全市智能算力集群规模在国内同类城市中领先，形成基础通用大模型 1 个以上、行业专用模型 20 个以上，建成人工智能特色产业园区 10 个，集聚开源模型生态企业 1 000 家以上，努力打造全国算力成本洼地、模型生态最优城市和人工智能产业发展高地。

二、发展重点

（一）基础层（算力基础设施）

1. 创新发展智能芯片。重点发展具有自主核心技术的人工智能推理芯片和训练芯片、可编程逻辑门阵列（FPGA）等通用芯片。加快推动面向自动驾驶、药物发现等细分领域的专用定制化智能芯片（ASIC）研发和产业化。前瞻布局类脑智能芯片、光芯片、存算一体芯片等。协同发展智能芯片制造和封测技术。

2. 加快发展存储器件。布局发展工业级固态硬盘（SSD）主控芯片、嵌入式存储芯片以及全闪存一体化存储。加快发展高带宽存储器、磁阻存储器、可变电阻式存储器等新型存储器。

3. 优化发展智能网络设备。加强交换机、路由器、高速光网络、网算存一体化技术研发与制造，积极发展边缘计算网关、工业网关等产品。加快推进5G轻量化技术商用部署，试点并加快部署5G-A网络。前瞻布局下一代移动通信网络、量子通信、卫星物联等技术。

4. 大力发展AI服务器。大力发展基于自主可控芯片的服务器。创新发展多芯多卡异构高互联高算力服务器和高密度液冷服务器机柜、异构算力调度平台等关键产品和技术。

5. 夯实算力基础设施。推进数据中心优化布局和集约化建设，积极发展云数据中心，推进虚拟化、弹性计算、海量数据存储等关键技术应用，加强先进节能技术应用。

（二）技术层（大模型和数据集）

1. 突破关键算法和软件。支持计算机视觉、自然语言处理、人机交互等人工智能通用算法研发，推动多模态算法研究。推动生物特征识别、人机交互、脑机接口、知识图谱等关键领域的应用算法研发。加强自主开源框架研发攻关，加快提升深度学习框架在大模型训练和多端多平台推理部署等方面的核心能力。加快操作系统、数据库等基础软件研发和规模化应用，促进应用软件与国产芯片协同发展。

2. 培育基础大模型。支持基础大模型培育，针对大模型训练、推理、应用各环节，加强高质量数据集供给，构建多种算法和算子库，全力推动基础大模型能力水平提升。构建高效易用的大模型开发环境，便利开发人员进行参数优化、API 接口调试，推动大模型服务平台建设，向社会和行业应用开放大模型能力。加强大模型开放生态建设，培育行业人工智能模型的开发者和应用合作伙伴。

3. 发展行业大模型。支持行业龙头企业基于行业积累开展人工智能模型定制优化和应用，形成行业垂直大模型。支持头部企业打造行业模型应用公共平台，助力用户企业开展行业模型定制训练和调优。鼓励模型应用公共服务平台与公共算力中心开展合作，降低行业中小企业使用人工智能模型和算力的门槛。

4. 创建国家级公共数据仓库。引入高质量数据集，在合规基础上，面向企业开放分级阅读权限。打通公共数据仓库与公共算力池，便利企业在大模型训练中合规使用数据。

5. 实现优质数据集供应。联合高校和科研机构以及数据服务商，通过联合课题研究等方式开展数据收集、清洗、脱敏和治理等工作，分类分级向企业低成本提供数据集。

6. 构建标准化语料资源池。整合文字、图片、音视频等多模态数据集，打造高质量代码、书籍、人类反馈指令数据、科学文献等专业知识数据集，面向工业、医药、电信、金融、教育等重点行业汇聚高质量、权威的行业训练数据资源，赋能行业发展。

（三）应用层（人工智能典型场景）

1. 赋能科技创新发展。围绕新药创制、新材料研发等重点领域，布局建设人工智能驱动的科学研究专用平台，加快知识引导与数据驱动融合的人工智能研发。

2. 赋能实体经济高质量发展。实施人工智能赋能新型工业化创新引领行动，引导企业数字化转型和智能化升级。打造智慧商圈、智慧供应链、智慧物联、智慧金融、智慧能源的创新应用场景。

3. 赋能社会智能化发展。发展智能诊疗、疾病风险预测、医用机器人等应用场景，提升低碳、交通、治理等创新场景，推动人工智能与文化体育、游戏动漫、影音视频的融合应用。

4. 赋能城市现代化治理。加快智慧交通建设，提升交通运行监测，出行信息服务和应急智慧能力。推进政务领域大模型落地应用，升级智能政务。推动舆情监测、犯罪预测预防、应急处置等方面的创新应用，提升公共安全治理能力。

三、主要任务

（一）算力设施"强基"行动

1. 建设新型算力中心。坚持培育产业生态、适度超前建设的原则建设高性能算力集群，构建国内领先的"多元异构"智能计算平台，推动形成多元算力供给能力。

2. 打造算力成本洼地。打造全市算力资源调度平台，分阶段实现智能算力统一调度，开展资源管理、任务调度、性能监控、用户管理等服务。依托杭州市人工智能产业联盟，开展算力伙伴征集，通过算力资源有效匹配和算力券补助，全力打造全国算力成本洼地。

（二）科技创新"提能"行动

1. 打造高能级创新平台。积极创建国家级、省级技术创新中心、产业技术工程化中心等高水平创新载体，重点推动国家新一代人工智能公共算力开放创新平台建设，着力突破多集群异构算力的智能调度、全栈自主可控软件栈等关键技术。加快人工智能模型算法的评测基准和评测方法研究，鼓励龙头企业、高校院所、新型研发机构等创建人工智能创新平台，提供算法模型等人工智能领域概念验证与公共服务，开展算法模型检测和评估。

2. 加强关键技术攻关。围绕类脑计算芯片与系统、异构计算芯片、先进存储、人工智能算法等重点领域，加快 AI 芯片、算力卡和高功率密度液冷服务器技术攻关，解决算力服务器板卡堆叠功耗和互联带宽瓶颈。提升语言大模型中英双语认知能力，突破语音大模型超大规模语音表征训练、表征信息解耦合建模等关键技术，增强视觉大模型基于少量样本解决图像、视频等视觉任务的能力，攻关多模态大模型原生训练算法和系统平台、领域知识训练算法和低成本高效推理技术。

3. 优化数据供给。完善数据资源体系，统筹推进一体化智能公共数据平台建设，支持科研机构、领军企业开展行业数据库建设，打造高质量人工智能大模型训练数据集。深化公共数据授权运营试点，探索公共数据授权机制，培育一批公共数据授权运营生态企业，加大公共数据资源高质量供给。探索建设行业语料训练中心、政务领域模型预训练底座等，支撑政务领域模型应用训练培育。

（三）产业招引"提质"行动

1. 加强产业人才引育。在"西湖明珠工程"中单列人工智能赛道，加强对人工智能人才的支持。在大学生创业项目资助政策中，加大人工智能初创项目的关注力度。完善多层次人工智能产业人才培养体系，发挥重点实验室和龙头企业优势，推动设立人工智能学院。围绕 AI＋装备、AI＋医学、AI＋材料等领域，引导在杭院校设置交叉学科，鼓励校企联合设立卓越工程师实践基地，培育高质量复合型人才。

2. 实施人工智能企业专项授权。加强人工智能重点企业的人才授权认定，聚焦人工智能前沿技术、细分赛道和关键核心环节，评选一批优质人工智能成长型企业，给予专项人才授权认定，支持企业引进、培育、激励人才。

3. 加大开源生态引育。推动龙头企业发布基础大模型"全家桶"开源版本，支持全球优秀开源模型和开发者在"魔搭"等大模型开源社区集聚，鼓励行业企业利用开源模型开展人工智能应用。联合开放原子开源基金会开展"校源行"活动，争取开放原子开源大赛人工智能赛道落地，协同开展市场潜力大、发展前景优的伙伴企业招引落地。

4. 加快重大项目招引。统筹人工智能领域项目招引，梳理产业链"卡脖子"短板环节和重点布局赛道，制定细分领域企业招引清单、创新载体招引清单、科研团队招引清单，提升产业链稳定性、产业布局前瞻性、产业发展创新性。

（四）产业生态"提效"行动

1. 加快产业集聚。围绕环大学大科创平台创新生态圈建设，聚焦视觉智能、智慧金融、智慧医疗、智能机器人等重点赛道，推进产业链创新链深度融合。按照"一园一主业"要求，鼓励区、县（市）结合自身优势和产业定位建设一批人工智能企业孵化园、产业特色园，开展人工智能标杆产业园评定奖励。

2. 建立产业统计监测体系。参照数字经济相关产业统计体系，研究建立人工智能统计监测制度，加强产业统计监测。动态更新企业名单，积极探索指标体系调整，精确评估产业发展增长趋势。

3. 加大财政金融支持力度。聚焦关键技术研发、算力购买使用、模型研发创新、场景融合应用、园区平台建设和公共服务能力提升等方面，持续给予财政支持。以"3＋N"杭州产业基金集群等国有资本投资带动撬动社会资本、金融资本重点投向人工智能产业，推动社会资本深度参与重大项目实施及成果转化应用。

4. 加强安全治理。探索建立人工智能监管和治理体系，依法依规实行包容审慎监管，支持企业申请生成式人工智能模型备案。加强人工智能伦理安全规范和社会治理实践研究，面向重点领域开展伦理审查和安全评估。

（五）行业应用"提速"行动

1. 深化优势行业应用。加强 AI＋治理、AI＋制造、AI＋医疗、AI＋金融成效提升，着力拓展人工智能赋能行业的深度与广度。搭建供需对接服务平台，推动政府部门、国有企事业单位、重点行业、科研机构广泛开放人工智能场景，鼓励场景供需双方按照市场原则自由对接合作。深度挖掘一批标杆场景，给予重点支持和培育，打造国家级场景应用示范。

2. 加速创新产业应用。围绕五大产业生态圈重点细分赛道，推动 AI＋生物技术、AI＋元宇宙、AI＋智能网联车等人工智能场景先行先试，通过"幸会·杭州"定期发布重点场景"机会清单"，培育并支持一批具有示范推广性的行业应用解决方案。制定人工智能供给能力目录，加强优秀场景推介。

3. 拓展未来产业应用。顺应新一轮科技革命和产业变革趋势，超前布局、梯次培育，围绕未来信息、未来空间等未来赛道探索人工智能前瞻应用，鼓励 AI＋低空经济、AI＋类脑智能、AI＋机器人等领域技术创新公共平台建设，支持企业申报国家人工智能前沿技术与产品"揭榜挂帅"项目，打造一批可展示可推广的试点应用场景。

四、保障机制

（一）强化组织保障。完善人工智能全产业链推进工作机制，明确责任分工，加强部门协同，有序推进各项工作目标任务落实。

（二）加强政策支持。迭代支持人工智能全产业链发展配套政策，从算力设施、模型生态、行业应用、产业集聚、人才引育、基金支持等方面给予政策支持。制定促进数据要素流通政策，深化数据要素市场配置改革，激活数据助推人工智能产业发展潜能。

（三）重视氛围营造。加大宣传力度，丰富宣传形式，及时、准确宣贯人工智能政策和专项活动，积极争取社会各界支持，凝聚发展共识。积极发挥相关协会作用，促进海内外资源整合，推进技术交流与合作，优化提升公共服务水平。

本行动计划由市经信局负责解释，自 2025 年 2 月 2 日起施行，有效期至 2026 年 12 月 31 日。

第八章
低空经济的未来空间

在智能技术全方位重塑城市与经济格局的同时，不妨将视野从地面与网络空间再度拓展，一个充满潜力的新兴领域——低空经济，正逐渐映入眼帘，为城市发展开辟出全新的维度。

对杭州而言，"六小龙"仅仅是开始。紧接着，一系列围绕科技创新和产业创新的政策和措施密集出台，范围更广、力度更大。低空经济，就是最重要的发展方向之一。作为融合了先进航空技术、创新运营模式以及多元化应用场景的经济形态，低空经济如同一座待开发的宝藏，蕴含着无限可能。借助低空领域丰富的空域资源，通过无人机物流配送、低空旅游观光、应急救援保障等多种业态，有望为城市交通拥堵难题提供创新性解决方案，并催生一系列新的产业增长点，成为推动城市经济增长的新引擎。与传统经济领域相比，低空经济具有独特优势，能够突破地面空间的限制，以高效、灵活的方式连接城市的各个角落，为城市的可持续发展注入新的活力。

因此，有必要深入剖析低空经济的发展脉络与未来前景。从其核心技术的突破与应用，到产业生态的构建与完善，再到对城市空间利用和居民生活方式的深远影响，层层揭开低空经济的神秘面纱。通过深入探讨，为城市把握低空经济发展机遇提供战略思考，助力各地在低空领域开拓出一片广阔的未来空间，实现经济与社会的跨越式发展。

高质量发展的"新增长引擎"

随着全球经济格局深度调整和科技革命加速演进，低空经济作为新质生产力的典型代表，正以前所未有的速度崛起，成为推动经济高质量发展的新增长引擎。低空经济是以低空飞行活动为核心，融合无人驾驶、低空智联网等先进技术，与空域、市场等要素相互作用，带动低空基础设施、飞行器制造、运营服务和飞行保障等领域协同发展的综合性经济形态。从产业经济学视角来看，低空经济横跨一、二、三产业，产业链条长、辐射范围广、带动作用强，具有显著的产业集群效应和经济溢出效应。[①]

低空经济的地位日益凸显

2024 年被称为"低空经济元年"，同年，全国两会将低空经济首次写入政府工作报告，标志着其正式上升为国家战略，成为经济发展的重要战略布局。从政策层面来看，国家陆续出台一系列支持政策，为低空经济发展提供了有力的政策保障。比如，2021 年，国务院发布的《国家综合立体交通网规

---

① 朱克力：《低空经济：新质革命与场景变革》，新华出版社 2025 年 7 月版。

划纲要》首次将低空经济纳入国家发展规划；2023 年，国务院与中央军委联合颁布的《无人驾驶航空器飞行管理暂行条例》等顶层政策相继实施，标志着低空经济发展步入"有法可依"阶段。从市场层面来看，低空经济展现出巨大的发展潜力和市场空间。工信部赛迪研究院《中国低空经济发展研究报告（2024）》显示，2023 年，中国低空经济规模为 5 059.5 亿元，增速达 33.8%，呈现出高速增长的态势；根据中国民航局的预测，到 2025 年，我国低空经济的市场规模将达到 1.5 万亿元，到 2035 年更有望达到 3.5 万亿元，未来发展前景广阔。

低空经济对经济增长和产业升级具有重要的推动作用。在经济增长方面，低空经济能够创造新的消费和投资需求，催生一系列新兴业态和商业模式。例如，低空旅游、空中物流、城市空中交通等领域的发展，不仅能够满足人们对高品质生活和高效物流的需求，还会吸引大量社会资本投入，为经济增长注入新动力。从投资角度来看，低空经济产业链上下游的投资机会众多，包括飞行器研发制造、基础设施建设、运营服务等领域，能够带动相关产业的投资增长。从消费角度来看，低空经济的发展能为消费者提供全新的消费体验和服务，激发新的消费需求。在产业升级方面，低空经济作为战略性新兴产业，能够促进技术创新和产业融合，推动传统产业向高端化、智能化、绿色化方向转型升级。低空经济涉及航空制造、电子信息、新材料、人工智能等多个高新技术领域，这些领域的技术创新和应用能够提升传统产业的生产效率和产品质量，促进产业结构优化升级。低空经济与其他产业的融合发展，如与物流、旅游、农业等产业的深度融合，能够拓展产业发展空间，创造新的产业增长点。

低空经济的内涵与范畴

低空经济是以民用有人驾驶和无人驾驶航空器为主，以载人、载货及其他作业等多场景低空飞行活动为牵引，辐射带动相关领域融合发展的综合性经济形态。从产业构成来看，低空经济涵盖低空制造产业、低空飞行产业、低空保障产业和综合服务产业，横跨第一、二、三产业。在第一产业中，低空经济主要应用于农业植保、林业监测、渔业巡查等领域，通过无人机等低空飞行器实现对农作物、森林资源和渔业资源的高效监测和管理，提高农业生产效率和资源利用效率。在第二产业中，低空经济涉及飞行器研发制造、零部件生产、航空材料研制等领域，推动高端制造业的发展，促进产业结构的优化升级。在第三产业中，低空经济涵盖低空旅游、空中物流、航空培训、航空金融等领域，丰富服务业的业态，提升服务质量和效率。

低空经济的核心在于低空飞行活动，其活动范围主要集中在距离地面垂直高度 1 000 米或 3 000 米以下的空域，具体高度视地区特性和实际需求而定。在这个空域范围内，低空飞行器能够开展多样化的应用活动，如空中游览、城市空中交通、物流配送、应急救援、测绘勘探等。空中游览是低空旅游的重要形式，通过直升机、热气球等飞行器，游客可从空中俯瞰自然风光和城市景观，获得独特的旅游体验；城市空中交通则致力于解决城市交通拥堵问题，通过 eVTOL 等新型航空器，实现城市内的快速通勤和人员运输；物流配送利用无人机等飞行器，实现货物的快速、精准配送，提高物流效率；在应急救援中，低空飞行器能够快速到达灾害现场，进行物资运输、人员救援和灾情监测等工作；测绘勘探则利用低空飞行器搭载的测绘设备，对地形、地貌进行高精度测绘，为城市规划、资源开发等提供数据支持。

低空经济的产业范畴广泛，涉及多个领域的产业活动。在飞行器制造领域，产业活动包括无人机、直升机、固定翼飞机、eVTOL 等各类低空飞行器的研发、生产和制造，以及飞行器零部件、航空材料的生产制造。

产业蓝海：应运而生，顺势而为

在人类经济发展和生活体验"敏捷至上"的今天，先进空中交通（AAM）正迅速重塑传统航空产业格局，重新定义人类"从 A 点到 B 点"的通达方式。

应运而生、顺势而为的低空经济，正以其技术多元、要素集中、服务泛在、场景复杂的特征，迅速成为战略性新兴产业，是新质生产力的富集场域。这几乎是将人类现有二维交通系统的全部要素复制一套到低空，形成交错穿插的三维通行场景，使相关制造业、服务业均形成巨大的低空场域增量，叠加数字技术、人工智能，未来城市的科幻感走进现实，必将构成人类经济发展征途中又一片浩瀚的产业蓝海。

低空经济的主要内涵包括低空基础设施建设、低空航空器制造（飞行器制造）、低空运营服务和低空飞行保障等。至于低空经济的产业分类，不同的视角有不同的范围界定。

从产品类型看，可分为各种无人机、轻型飞机、直升机、eVTOL 等航空器类产品，这些是低空经济的核心组成部分；然后是发动机、螺旋桨、电池、传感器等航空配件与设备产品，这些是保障航空器正常运行的核心部件；此外是围绕低空飞行的服务和保障类产品，包括飞行培训、航空器维修与保养、航空气象服务、航空通信导航等。

从应用场景看，可分为应用于日常生活的民用低空经济，包含航拍、旅游观光、空中交通等；应用于生产领域的工业低空经济，包含农业植保、电力巡线、环境监测等；应用于安全领域的军事与公共安全低空经济，包含侦察、目标打击、救援等。

从产业结构看，一是航空器研发与制造，涵盖航空器设计、研发、制造、销售等多个环节；二是航空器运营与服务，涵盖航空器租赁、销售、维护、保养等服务；三是低空基础设施与服务平台，涵盖机场、起降点、空管系统等硬件设施和飞行计划制定、航空气象服务、航空通信导航等软件平台。

除此之外，按技术创新水平可分为有人驾驶飞机、直升机等传统型低空经济，无人机技术、人工智能、大数据等创新型低空经济；按发展阶段可分为初级低空经济、中级低空经济和高级低空经济等。

无论从哪种视角分类，产业链内在联系的结构属性和价值属性大致可以通过飞行空间服务、飞行器制造两条主线形成上下游对接机制，以"无形的手"推动低空经济关联主体实现产品服务、信息反馈等价值交换。

飞行空间服务由飞行空间基础设施建设、通航服务和应用场景自上而下构成产业链条，飞行器制造由原材料和零部件、装备制造及应用场景自上而下构成又一产业链条，两条链条功能互补互嵌、相辅相成，共同构成低空经济产业链，如表8-1所示。

表8-1　低空经济产业链

环节 领域		上游：低空基建及 飞行器零部件		中游：通航服务及 装备制造		下游：飞行器服务及 飞行应用场景	
飞行 空间	地面基础 设施	通用机场建设、无人机起降平台、飞行场地、新能源航空器能源基础设施、安全保卫设施、空中交通管制设施	低空 保障	地面保障服务、空中保障服务、适航审定、检验检测服务	低空 服务	低空 供能	航空燃油、充电桩
						航空 维修	航线维护、机体大修、发动机维修、机载设备维修
	地面通信 系统	低空网络设施、低空数据设施、低空监管设施				飞行 培训	维修培训、飞行培训
						航空 租赁	飞行器租赁、机队服务

（续表）

环节 领域	上游：低空基建及 飞行器零部件		中游：通航服务及 装备制造	下游：飞行器服务及 飞行应用场景	
飞行器	关键材料	铝合金、碳纤维、复合材料等、动力系统材料、燃料电池材料	低空飞行器整机制造	无人机、飞行汽车、eVTOL、直升机、轻型固定翼飞机	应用场景	低空经济＋物流 低空经济＋交通 低空经济＋农业 低空经济＋旅游 低空经济＋消防 低空经济＋安防 低空经济＋应急 低空经济＋体育 低空经济＋影视 ……
	元器件	航空继电器、发动机点火器、电路保护电器、航空接触器			
	动力系统	中小型航空发动机			
	机载系统	机载感知系统、机载通信导航系统			
	飞控系统	自动飞行控制系统、无人驾驶飞控系统			
	抗干扰系统				

1. 基础层：低空经济产业链上游

低空经济产业链主要由飞行空间和飞行器两条纵线贯通，因此产业链上游主要由低空新型基础设施建设端和飞行器零部件制造端构成，这是整个产业链的基础建设层，前者是飞行空间的物理支撑，后者是飞行器的基本构成。

低空新型基础设施建设端是低空经济的硬件基础，主要包括地面物理类基础设施建设和地面信息类管理保障软件系统建设。地面物理类基础设施是各类低空经济活动的关键载体，形成低空经济"设施网"。当前，地面基础设施主要包括通用机场和地面通信系统。通用机场有低空飞行起降站、能源站、紧急备降、停机设施等基础功能设施。

目前，我国低空基础设施领域的企业有航新航空、海格通信、航天宏图、深城交等。机场设备制造领域的企业有威海广泰、中集集团、广电运通等。机场建设领域的企业有中国民航、中化岩土、西北民航、上海城建、北京金港、苏中江都、中铁航空港、安徽民航等。

地面通信系统是低空飞行活动完成信息交互的支撑系统，包括低空雷达、卫星通信系统和 5G 网络等低空网络设施、低空数据设施和低空监管设施，形成低空飞行"空联网"，是低空经济的通信感知系统。雷达领域的企业有纳睿雷达、四创电子、航天南湖、国睿科技等。通信 5G-A 通感一体领域的企业有中兴通讯、通宇通讯、盛路通信、灿勤科技、武汉凡谷等。

飞行器零部件制造端包括关键材料、元器件、动力系统、机载系统、飞控系统和抗干扰系统等。其中，航空发动机是航空器的"心脏"，为航空器稳定飞行提供动力支撑，该领域的企业有航发动力、宗申动力、应流股份、卧龙电驱等。

航电系统是航空器的"大脑"，目前电驱、电机、电控领域的企业有卧龙电驱、蓝海华腾等。电池企业有宁德时代、国轩高科、孚能科技等，其中宁德时代是全球领先的动力电池供应商，市占率全球第一。

芯片在航电系统中发挥着重要作用，负责接收和处理各种信号，指挥航空器完成各种动作。目前我国飞控芯片还高度依赖国外进口，以英特尔（Intel）、高通（Qualcomm）、意法半导体（STMicroelectronics）等公司为主，国内的瑞芯微、联芯等企业已投身飞控芯片研发。飞控系统领域的企业有翔仪恒昌、边界智控、零度智控等。

航空电子设备与传感器是航空器的"感知器官"，决定航空器准确感知外部环境并作出反应的敏捷度和准确度。该领域的企业有芯动联科、星网宇达、中航机载、陕西航晶、航天惯性、开拓精密等。

原材料是航空器的"骨骼"和"皮肤"，金属原材料为航空器提供坚固的结构基础，特种橡胶与高分子材料为航空器提供必要的密封、减震和隔热功能。碳纤维复合材料领域的企业有中复神鹰、吉林化纤、中简科技、光威复材等。钛合金领域的企业有宝钛股份、西部超导等。复合材料的领域企业有中航高科、广联航空、安泰科技等。

此外，元器件领域的企业有中航光电、全信股份、贵州航天等。模具、零部件领域的企业有西安铂力特、成都爱乐达、青岛森麒麟轮胎、长源东谷、金盾风机、中航机载、双一科技、广联航空等。

2. 建造层：低空经济产业链中游

低空经济产业链中游对应上游的飞行空间和飞行器零部件，也分为飞行保障系统建设和飞行器整机制造，是整个产业链的核心建造层。前者包括地面保障、空中保障、适航审定和检验检测等低空保障系统建设，后者包括无人机、直升机、eVTOL 等低空飞行器整机制造。

低空保障系统是低空经济产业链中游的另一个重要环节，主要基于包括地面信息类管理保障软件系统和机场管理系统在内的智能融合低空系统 SILAS（Smart Integrated Lower Airspace System）运行，支撑低空飞行活动实现数实融合和智慧调度。

SILAS 将面向多构型飞行器的大规模飞行需求，将低空空域整体转变为可计算的数字化空间，创新时空资源联合管理调度模式，提高空域使用效率和安全性。具体功能包括飞行器的航线管理、导航服务、塔台调度、空域监视、环境监测、空域气象等。

地面信息类管理保障软件系统是低空保障的重要环节，是实现人机、机机联结协同的"神经中枢"，主要包括空域管理系统和机场管理系统，二者共同构成低空飞行管理保障体系。

空域管理系统用于管理空中交通运输的信息处理过程，以形成低空飞行"航路网"，支撑空中交通流量和容量的管理，以及空中交通服务。低空空管领域的企业有莱斯信息、新晨科技、四川九洲、北京声迅、川大智胜等，其中莱斯信息已获得低空飞行服务平台相关订单。北斗/导航领域的企业有中科星图、海格通信、北斗星通、航天宏图、司南导航、北方导航、星网宇达等。低空规划领域的企业有深城交、苏交科等。

机场管理系统致力于航班保障、旅客服务与机场运营管理，形成低空经济"服务网"，具备航班计划制定、航班动态管理、资源管理、航班保障与进程监管等功能。目前，我国航空机场运营领域的企业有白云机场、首都机场等各地机场，国航、东航、川航等各大航空公司，以及中信海洋、华夏通用航空等。地面保障领域的企业有威海广泰、超图软件等。检测检验领域的企业有广电计量、谱尼测试、苏试实验等。

低空飞行器整机制造是低空经济产业链中游的重要环节之一，融合了飞机制造＋汽车制造，是"插上翅膀的新能源汽车"。在智驾趋势下，低空制造具有强烈的智能终端属性，整个环节涵盖低空飞行器的设计、研发、生产等全过程。

在eVTOL制造领域，沃飞长空的AE200机型是全国首个获得民航局适航审定受理批复的有人驾驶载人eVTOL；亿航智能则是国内首个纳斯达克上市无人机公司，其旗舰产品EH216-S是全球首个"三证"（型号合格证、生产许可证和标准适航证）齐全的eVTOL飞行器。

放眼国际，美国的Joby、Archer、Alef Aeronautics，德国的Lilium、Volocopter，英国的Vertical，巴西的Eve，斯洛伐克的AeroMobil，荷兰的PAL-V Liberty等企业也呈风起云涌、推波助澜之势。

在无人机领域，中航（成都）无人机荣膺中国无人机市值第一股，其翼龙系列无人机在全球察打一体无人机市场占有率18.13%，位居全球第二，成为"中国制造"的一张亮丽名片；航天彩虹的飞控系统在军用领域已经达到国际领先水平；大疆占据全球市场份额70%以上，是绝对的全球无人机王者；时代星光填补了我国"大型车载式智能无人机系统"的技术空白；腾盾科创在固定翼与旋翼大型无人机方面处于国内领先水平。

3. 应用层：低空经济产业链下游

低空经济产业链下游，呈上游、中游飞行空间和飞行器融汇合流之势，主要负责飞行器在飞行空间的应用和保障。下游是整个产业链的飞行应用层，包括各类飞行器保障服务以及各类低空飞行器应用场景。

低空服务涉及航空维修、飞行培训、低空供能和航空租赁等领域。航空维修是低空经济的"医疗系统"，负责各类飞行器的维护、保养、修理等，该领域的企业有四川海特、北京安达维尔、西安鹰之航等。飞行培训是推动低空经济向大众普及的重要环节，该领域的企业有海特高新、咸亨国际、珠海中航、北方天途等。

低空供能是飞行器的"餐厅"和能量补给站。航空燃油领域的企业有中国石化、中国石油、中国海油等。高压快充领域的企业有特来电、星星快充、云快充、国家电网、星逻智能、蓝海华腾、汉宇集团等，其中星逻智能围绕无人机自主充电，研发推出无人机充电机库，兼容多款行业机型。

此外，飞行器租赁、托管、保险等航空租赁服务是低空经济的"服务员"，其配套质量直接影响低空消费者的体验感和获得感，该领域的企业有工银金融租赁、中银租赁等。

低空飞行器的应用场景按照飞行器的使用场域大致可分为生产作业类、公共服务类、低空消费类。

生产作业类低空经济应用场景，主要是为工农林牧渔等行业提供各种专业飞行作业活动。例如，国家电网使用无人机参与风力发电检测，对风力发电场的叶片和机舱进行定期检查；南方电网使用无人机进行输电线路和变电站巡检；中国石油使用无人机进行石油勘探；中铁二十一局使用无人机进行建筑测量和设计。此外，无人机进行高层建筑外墙清洗的效果也很好。

在自然保护区可使用无人机进行野生动物监测和研究。南京大学研究团队使用无人机进行环境监测，对大气细颗粒物进行监测和采样。农业植保无人机领域的企业有智飞农业、极飞科技、汉和航空、大疆等，其中极飞科技被称为"农业无人机第一股"。航空测绘无人机领域的企业有哈瓦国际、亿航智能、极飞科技、大疆等。工业级航拍无人机代表企业有大疆、中兴通讯等。纵横股份则是国内首家以工业无人机为主营业务的企业。

公共服务类低空经济应用场景主要是为公共服务相关单位提供各种专项性飞行服务，包括低空交通、低空物流、城市安防、医疗救护、应急救援、环保监测、通信中继等。如民航局使用无人机执行海上和山区搜救任务，测绘局使用无人机进行地籍测绘，森林防火部门使用无人机进行火情监测和烟雾探测，城市规划部门使用无人机进行城市规划和交通研究，电信运营商使用无人机进行移动网络覆盖测试，警察部门使用无人机进行大型活动的安保监控。

目前，低空物流领域的企业有顺丰控股、深圳智莱科技、天虹数科、山东新北洋、迅蚁网络等。美团正专研城市外卖配送无人机，小鹏汇天研发的飞过广州"小蛮腰"的飞行汽车也备受期待。

低空巡检领域的企业有复亚智能、保华润天。观典防务是国内领先的无人机禁毒服务商。国内城市消防无人机领军品牌有重庆中岳航空等。而哈瓦国际航空则致力于多领域特种装备无人机的研发与制造，主营警用无人机、消防无人机、测绘无人机、安防无人机等各种机型。

低空消费类低空经济应用场景主要面向各类群体提供消费性飞行服务，包括低空旅游观光、低空极限运动、低空影视拍摄、低空编队表演等。

相关理论体系核心内容

1. 低空经济：新质革命与场景变革

作为一种新兴的综合性经济形态，低空经济以各类有人驾驶和无人驾驶航空器的低空飞行活动为牵引，辐射带动相关领域融合发展，为产业升级、社会进步和民生改善注入新活力。低空经济是一场新质革命与场景变革，具备五大显著特点。

创新引领。低空经济的创新引领特性主要体现在技术革新、应用场景和商业模式三个层面。在技术革新层面，低空经济依托航空技术、无人机技术、人工智能、大数据分析、5G 通信等前沿科技的持续创新和应用，不断推动航空器研发、飞行控制、信息传输等领域的突破。在应用场景层面，以低空飞行活动为核心，赋能农业、物流、应急救援、环境监测等行业，形成创新应用场景。在商业模式层面，引入新的生产要素与商业模式，促进传统产业转型升级。这一特性让低空经济在推动科技创新、产业升级和满足社会需求方面发挥日益重要的作用。

数实融合。低空经济的数实融合特性表现在数字技术与实体经济深度融合的过程中。一方面，应用大数据、云计算、物联网等数字技术，实现对低空飞行活动的实时监控、数据分析和智能决策，提高飞行安全性和效率。另一方面，通过数字技术将低空飞行活动与实体经济相结合，推动跨行业协同发展和价值链延伸。例如，在物流配送领域，运用无人机配送等方式实现快速、便捷的货物配送服务，提高物流效率和用户体验。这一特性使得低空经济在推动经济结构优化、促进区域经济发展方面具有积极作用。

高效便捷。低空经济的高效便捷特性缘于其独特运行模式和先进技术支持。一方面，低空飞行活动通常发生在离地面较近的空中，可避免受到高空飞行复杂气象条件的影响，并减少空中交通管制的限制，更快速地到达目的地，提高运输效率。另一方面，先进的无人机技术和智能化飞行控制系统能实现自动化、精准化飞行操作，减少人为因素干扰，提升飞行效率。此外，低空飞行器的灵活性和机动性使之能在复杂环境中自由穿梭，为各行各业提供便捷服务。这一特性使得低空经济在应急救援、物流配送、环境监测等领域优势显著，为现代社会的高效运转提供有力支撑。

绿色低碳。低空经济的绿色低碳特性表现在环保、节能、减排、降耗等方面。首先，低空飞行器相较于传统交通工具，在能源消耗和排放方面具有明显优势，有助于减少碳排放和环境污染。其次，通过优化飞行路径、提高飞行效率等措施，可进一步降低能源消耗和排放。最后，低空经济发展促进了 eVTOL 等新能源航空器的研发和应用，这些新能源航空器具有零排放、低噪声等特点，符合绿色低碳发展趋势。

产业协同。低空经济的产业协同特性重点反映在跨行业整合与资源共享方面。低空飞行技术创新促进了航空产业与其他行业深度融合。通过产业协同，低空经济助力各行各业提升效率，实现共赢。如在农业领域，无人机技术结合精准农业，提高农作物产量和质量。在物流行业，无人机配送能够缩短货物送达时间，优化物流体系。这种对技术创新和产业升级的协同推动，不仅将加速低空经济发展，也能为相关产业带来前所未有的机遇，为整个经济体系注入新活力。

在因地制宜发展新质生产力的热潮中，多地密集出台促进低空经济发展的政策文件，抢占低空经济万亿级大赛道。从粤港澳大湾区到长三角，从京津冀到成渝地区，无不加快布局发展低空经济，目前已呈千帆竞渡、百舸争流之势。

2. "三破三立""四力整合""五新驱动"

(1) "三破三立" 新经济法则

"三破三立" 新经济法则（图 8-1）是新经济理论体系重要基石，旨在打破传统经济思维定式，树立适应新经济发展的新理念。

在关注和讨论一种新经济形态时，我们可以运用这个 "三破三立" 新经济法则。该法则基于笔者多年对新经济现象的深入观察与长期思考，意在为更好地理解和推动新经济发展提供通俗有力的理论支撑。针对低空经济，同

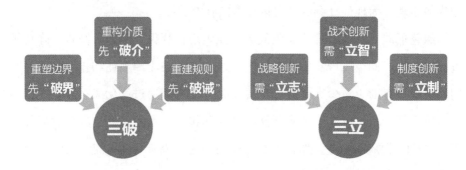

图 8-1　"三破三立"新经济法则

样可以结合"三破三立"新经济法则形成行之有效的方法论。

重构介质先"破介"。随着低空经济新形态的出现，传统航空领域的介质正在被新的技术和平台打破。无人机作为低空经济的重要载体，打破了传统航空器限制，使低空飞行活动更加灵活多样。与此同时，随着5G、物联网等数字技术的发展，低空经济中的数据传输、信息交换等也呈现新的介质形态，进一步推动行业创新与发展。

"破介"强调打破阻碍要素流通与交互的中间环节，优化交互介质，提升用户体验。在低空经济中，传统的空域管理模式、信息流通不畅等问题严重制约产业发展。空域管理涉及多个部门，管理流程烦琐，信息沟通不畅，导致低空飞行器的飞行审批时间长、效率低，阻碍低空经济的发展。通过"破介"，可利用现代信息技术，建立统一的低空飞行服务平台，实现空域资源的实时共享和飞行计划的在线审批，打破部门之间的信息壁垒，提高空域资源的利用效率和飞行审批的便捷性。同时，优化低空飞行器与地面控制中心、用户之间的交互介质，如采用先进的通信技术和智能控制系统，实现飞行器的远程操控和实时监控，提升用户体验。

重塑边界先"破界"。低空经济崛起打破了传统航空领域的边界，将航空技术、信息技术、制造业等多个领域紧密融合。这种跨界融合不仅能够推动技术创新，也为低空经济发展提供了更广阔的市场空间。当前，无人机配送、低空旅游等新业态涌现，就是低空经济在跨界融合中产出的创新成果。

"破界"旨在突破产业边界，构建多元生态。低空经济横跨多个产业领域，具有很强的产业融合性。然而，传统的产业发展模式往往局限于单一产业内部，缺乏跨产业的协同合作。通过"破界"，可打破低空经济各产业之间的边界，促进低空制造、飞行、保障和综合服务等产业的深度融合。还可推动低空飞行器制造企业与物流企业合作，开展低空物流配送业务；促进低空旅游企业与景区合作，开发低空旅游项目；加强低空经济与其他产业的融合，如与农业、林业、应急救援等领域的结合，拓展低空经济应用场景，构建多元化的产业生态系统。

重建规则先"破诫"。低空经济作为新兴领域，其发展过程面临诸多来自规则和制度的挑战。为推动低空经济健康发展，需要不断打破陈规旧律，建立与之适配的新规则和新制度，塑造与新质生产力发展相适应的新型生产关系。不论是无人机管理，还是空域划分等方面，都需要制定更加合理、科学的规则和标准，以适应低空经济快速发展的需求。

"破诫"要求破除固有思维，创新商业模式。低空经济作为新兴产业，传统的商业模式难以满足其发展需求，需要打破传统的行业观念和规则束缚，探索新的商业模式。发展低空经济，可创新运营模式，采用共享经济模式，实现低空飞行器的共享使用，降低运营成本；创新盈利模式，除通过传统飞行服务收费外，还可通过数据服务、增值服务等方式获取收益。一些低空经济企业通过收集和分析低空飞行数据，为政府部门、企业提供数据服务，实现数据的价值变现。

战略创新需"立志"。在低空经济领域，立志推动行业创新和发展至关重要。为此，需要明确行业发展的目标和方向，制定切实可行的战略规划。举例而言，在无人机技术研发、空域资源利用等方面，需要立志突破技术瓶颈、优化资源配置，推动低空经济高质量发展。

"立志"是战略创新的关键，要求树立远大的发展目标和战略愿景。在低空经济发展过程中，政府和企业应明确低空经济的战略定位，将其作为推动经济转型升级、提升区域竞争力的重要产业来发展；制定长远的发展规划，明确发展目标和重点任务，引导资源向低空经济领域集聚。政府可出台相关政策，鼓励企业加大在低空经济领域的研发投入和创新发展，推动低空经济产业的规模化、高端化发展。

战术创新需"立智"。 在低空经济的战术层面，需要依靠智慧团队、智能技术、智库力量，发挥和提升创新能力以推动行业发展。通过引入新技术、新模式、新业态等创新元素，提升低空经济的竞争力和影响力。例如，在无人机配送领域，可通过引入人工智能、大数据等先进技术，提升配送效率和服务质量；在低空旅游领域，可开发新的旅游产品和旅游线路，吸引更多消费者参与。

"立智"强调战术创新，注重运用智慧和科技手段提升发展效能。发展低空经济，要充分利用先进的科技手段，如人工智能、大数据、物联网等，提升低空飞行器的智能化水平和运营管理效率。例如，通过人工智能技术实现低空飞行器的自主飞行和智能避障；利用大数据分析优化飞行路线和资源配置；借助物联网技术实现飞行器的实时监测和远程维护。企业应加强技术创新，提高产品的科技含量和附加值，提升市场竞争力。

制度创新需"立制"。 在任何一个领域，制度创新都是保障行业持续稳健发展的关键因素。要一边开展先行先试探索，一边建立健全法律法规体系、监管机制和标准体系。比如，在无人机管理领域，应制定完善的法律法规和管理制度来规范无人机使用和管理；在空域资源利用方面，需要建立科学的空域划分和管理制度来优化资源配置。

"立制"是制度创新的核心，要求建立健全适应低空经济发展的制度体系。低空经济的发展需要完善的政策法规、标准规范和监管机制作为保障。政府应加强低空经济领域的制度建设，制定相关政策法规，规范低空经济的发展秩序；建立健全低空飞行安全标准和监管机制，保障低空飞行安全；完善空域管理体制，优化空域资源配置，为低空经济发展创造良好的制度环境。

以上只是"三破三立"在低空经济领域的初步运用。事实上，低空经济的进一步发展，离不开更多共识支撑和实践探索。唯有不断打破传统束缚、建立新的规则和机制、持续推动行业创新发展，方可让低空经济真正放飞翱翔。

（2）"四力整合"新运行框架

"四力整合"新运行框架（表8-2）包括新质生产力、新智流通力、新制分配力和新挚消费力，这四股力量协同发力，共同推动低空经济全面、高效、可持续发展。

表 8-2 "四力整合"新运行框架

整合维度	内涵与作用	具体表现	对低空经济影响	相互关系
新质生产力	低空经济发展根基，通过技术创新和装备升级激发	研发应用无人机、eVTOL 等新型航空器，具备高效、智能、灵活特点，用于物流配送、城市交通等领域	推动产业链升级转型，优化产业结构	为其他"三力"提供技术和产品支持
新智流通力	借助智能物流系统和先进技术为流通环节赋能	融合 5G、大数据等数智技术，实现货物实时追踪、智能调度和快速配送	提升物资交换流通竞争力与潜力，优化供应链协同	助力新质生产力发展与新制分配力优化
新制分配力	实现资源高效利用和合理分配	政府优化空域管理，推动基建，制定政策；企业探索新商业模式与合作机制	创造良好发展环境	为新质生产力和新智流通力发展提供保障

（续表）

整合维度	内涵与作用	具体表现	对低空经济影响	相互关系
新挚消费力	低空配送、旅游等新型服务，形成新消费热点	低空旅游吸引游客，低空配送满足高效物流需求	提供广阔市场空间	为其他"三力"发展提供市场动力

新质生产力是低空经济发展的根基，通过持续的技术创新和装备升级，能够不断激发新质生产力。无人机、eVTOL 等新型航空器的研发与应用，为低空经济领域带来革命性变化。这些新型航空器具有高效、智能、灵活等特点，能够提高作业效率，拓宽应用领域。无人机在物流配送、农业植保、测绘勘探等领域的应用，能够大大提高工作效率和质量；eVTOL 的出现，为城市空中交通提供新的解决方案，有望缓解城市交通拥堵问题。新质生产力的发展，能够推动低空经济产业链的升级和转型，促进产业结构的优化调整。

新智流通力借助智能物流系统和先进技术，为低空经济的流通环节赋能。通过 5G、大数据、人工智能、云计算等数智技术的融合应用，低空物流网络可实现货物实时追踪、智能调度和快速配送。低空物流配送可利用大数据分析优化配送路线，提高配送效率；通过 5G 技术实现货物的实时追踪和信息共享，增强物流的透明度和可控性；借助人工智能和云计算技术实现智能调度，合理安排飞行器的飞行任务，降低物流成本。新智流通力的提升，使低空经济在物资的交换流通领域展现出强大竞争力和发展潜力，促进供应链的优化协同。

新制分配力旨在实现资源的高效利用和合理分配。在低空经济发展过程中，政府须优化低空空域管理，推动基础设施建设，制定合理的政策法规，引导资源向低空经济领域合理配置。企业则要探索新商业模式与合作机制，实现资源共享和双赢。政府可通过优化空域管理，合理规划低空空域，提高空域资源的利用效率；加大对低空飞行器起降场地、低空智联网等低空经济基础设施的建设投入，为低空经济发展提供保障。企业可通过合作共享的方式，实现低空飞行器、技术、人才等资源的共享，降低运营成本，提高资源利用效率。

新挚消费力以情感深度联结与主动价值创造来激发新型消费动能。其核心是通过技术赋能与场景创新，提供新颖产品和诚挚服务，赢得消费者青睐并实现高频互动。随着生活水平的提高，人们对低空服务的需求不断增长。低空配送、旅游、文娱等新型服务，能够提供新颖便捷的消费体验，形成新的消费热点，推动低空经济的发展。低空旅游以其独特的视角和体验，吸引众多游客；低空配送能够实现货物快速送达，满足消费者对高效物流的需求。新挚消费力的发展能为低空经济提供广阔市场空间，促进低空经济发展壮大。

在低空经济发展过程中，新质生产力、新智流通力、新制分配力和新挚消费力相互关联、相互促进。新质生产力的发展为新智流通力、新制分配力和新挚消费力提供技术和产品支持；新智流通力的提升有助于新质生产力的发展和新制分配力的优化；新制分配力的合理配置为新质生产力和新智流通力的发展创造良好的环境；新挚消费力的增长则为新质生产力、新智流通力和新制分配力的发展提供市场动力。

（3）"五新驱动"新动力机制

"五新驱动"新动力机制（图 8-2）包括新基础设施、新生产要素、新市场主体、新协作方式和新治理体系，这五个方面共同为低空经济发展提供支撑。具体而言，"五新驱动"即以新基础设施为运行底座、以新生产要素为内在源泉、以新市场主体为有生力量、以新协作方式为组织形态、以新治理体系为长

图 8-2　"五新驱动"新动力机制

效支撑。

新基础设施是低空经济发展的重要支撑，包括低空飞行服务保障设施、智能通信导航设施、低空飞行器起降场地等。完善的低空飞行服务保障设施能够为低空飞行器提供安全、高效的飞行服务，保障飞行安全；智能通信导航设施能够实现飞行器的精准定位和通信，提高飞行的可靠性和可控性；低空飞行器起降场地建设能够为低空飞行器提供起降的关键物理依托与硬件基础，为低空经济发展提供稳定的平台支持。加强新基础设施建设，能够提高低空经济的运行效率和服务质量，为低空经济发展奠定坚实基础。

新生产要素在低空经济发展中发挥着关键作用，包括数据、技术、人才等。数据作为新的生产要素，能够为低空经济的决策、运营和管理提供支持。通过对低空飞行数据的分析，可优化飞行路线、提高飞行安全、拓展应用场景。技术是低空经济发展的核心驱动力，无人机、eVTOL等新型航空器的研发和应用，离不开先进技术支持。人才是低空经济发展的重要保障，需要培养和引进一批掌握先进技术、具备创新能力的专业人才，为低空经济的发展提供智力支持。

新市场主体的培育和发展为低空经济注入新活力。随着低空经济的发展，涌现出一批专注于低空制造、运营、服务等领域的企业，如大疆、亿航智能等。这些新市场主体具有创新能力强、发展潜力大等特点，能够推动低空经济的技术创新和产业升级。政府应出台相关政策，鼓励和支持新市场主体的发展，营造良好市场环境，促进低空经济市场的繁荣。

新协作方式促进低空经济各参与主体的协同发展。低空经济涉及多个产业领域和部门，需要建立新的协作方式，实现各参与主体的协同合作。政府、企业、科研机构之间可加强合作，共同开展技术研发、标准制定、应用推广等工作；产业链上下游企业之间可加强协作，实现资源共享、优势互补，共同推动低空经济产业链的发展。新协作方式的建立，能够整合各方资源，形成发展合力，提高低空经济的发展效率和竞争力。

新治理体系为低空经济发展提供制度保障。低空经济的发展需要以完善的政策法规、标准规范和监管机制作为保障。政府应加强低空经济领域的制度建设，制定相关政策法规，规范低空经济的发展秩序；建立健全低空飞行安全标准和监管机制，保障低空飞行安全；完善空域管理体制，优化空域资源配置。新治理体系的建立，能够为低空经济发展提供稳定的制度环境，促进低空经济健康、有序发展。

新基础设施、新生产要素、新市场主体、新协作方式和新治理体系相互作用、相互促进。新基础设施的建设为新生产要素的聚合和新市场主体的培育提供条件；新生产要素的投入推动新市场主体的创新和发展，促进新协作方式的形成；新市场主体的发展和新协作方式的建立对新基础设施的建设和新治理体系的完善提出更高要求；新治理体系的完善为新基础设施的建设、新生产要素的配置、新市场主体的发展和新协作方式的形成提供制度保障。

"四力整合"助推低空经济

面向低空经济领域，通过全链路创新引领，在激发新质生产力、赋能新智流通力、优化新制分配力、引领新挚消费力四个方面协同发力，可以形成强大的驱动力。

激发新质生产力，推动低空经济创新发展

1. 技术创新与装备升级

技术创新是激发新质生产力的核心驱动力，在低空经济领域，无人机、

eVTOL 等航空器的研发与应用，正引领着低空经济生产方式的深刻变革。以无人机为例，随着人工智能、计算机视觉、通信技术等前沿科技的不断融入，无人机的智能化水平大幅提升，从最初简单的遥控飞行设备，逐渐发展为具备自主飞行、智能避障、任务规划、数据采集与分析等多种复杂功能的智能飞行器。

在物流配送领域，无人机的应用将极大地提高配送效率、扩大覆盖范围。经过多年研发与试运营，顺丰依托同城配送资源，推出"同城即时送"和"跨城急送"等无人机物流产品，构建基于无人机的城市"区域级物流枢纽＋社区级网格点＋终端"三级低空经济网络。美团无人机依托平台流量资源和业务基础，布局无人机全产业链，构建包含综合自主飞行无人机、自动化机场以及无人机调度系统的城市低空物流网络。通过这些技术创新和实践应用，无人机物流配送能够实现货物的快速、精准送达，有效解决传统物流"最后一公里"的配送难题，提高物流效率，降低物流成本。

eVTOL 作为另一种具有代表性的新型航空器，具有垂直起降、无需跑道、低噪声、低碳环保等优势，为城市空中交通、低空旅游、应急救援等领域带来全新的解决方案。

2. 新质生产力对低空经济产业链的影响

新质生产力的发展对低空经济产业链产生深远影响，推动产业链上中下游的全面发展和升级。

在产业链上游，新质生产力带动关键零部件和原材料产业的发展。以无人机为例，其核心零部件如芯片、电机、电池、传感器、通信模块等，对技术和性能要求极高。随着无人机市场需求的不断增长，相关零部件产业迎来快速发展机遇。在芯片领域，为满足无人机对计算能力和功耗的要求，高性能、低功耗的芯片不断涌现。

在产业链中游，新质生产力促进低空飞行器制造产业的升级。随着技术的不断进步，低空飞行器的制造工艺和生产效率大幅提高，产品性能和质量不断提升。以 eVTOL 制造为例，先进的复合材料和轻量化设计技术的应用，使得 eVTOL 的结构更加轻巧、坚固，同时能够降低能源消耗。在生产制造过程中，数字化设计、智能制造等先进技术的应用，将提高生产效率和产品精度，降低生产成本。

在产业链下游，新质生产力拓展低空经济的应用场景和服务领域。随着无人机、eVTOL 等新型航空器技术的成熟和成本的降低，低空经济在物流配送、低空旅游、应急救援、农林植保、测绘勘探等领域得到广泛应用。在应急救援领域，无人机和 eVTOL 可快速抵达灾害现场，进行物资运输、人员救援和灾情监测等工作。

赋能新智流通力，优化低空经济流通环节

1. 智能物流系统与先进技术应用

在低空经济中，智能物流系统的构建与先进技术的应用是赋能新智流通力的关键。随着 5G、大数据、人工智能、云计算等数智技术的飞速发展，低空物流正逐步实现智能化、高效化、绿色化转型。

5G 技术以其高速率、低时延、大连接等特性，为低空物流提供稳定、高效的通信保障。在低空物流配送过程中，5G 技术能够实现无人机与地面控制中心之间的实时数据传输，确保无人机能够及时接收指令，准确执行配送任务。通过 5G 网络，无人机可实时上传飞行状态、货物位置等信息，地面控制中心能够对无人机进行实时监控和调度，提高物流配送的安全性和可靠性。在应急救援场景中，5G 技术能够使无人机迅速将灾害现场的实时画面传输回指挥中心，为救援决策提供准确依据；同时，指挥中心可通过 5G 网络实时下达救援指令，指导无人机进行物资投放和人员救援等工作，提高救援效率。

大数据技术在低空物流中发挥着重要的决策支持作用。通过对海量物流

数据的收集、分析和挖掘，企业可深入了解物流需求、优化物流路线、提高资源配置效率。大数据分析可根据历史订单数据、用户位置信息、交通状况等因素，预测不同地区、不同时间段的物流需求，为企业制定合理的配送计划提供依据。通过对物流路线的大数据分析，企业可优化无人机的飞行路径，避开禁飞区域、恶劣天气区域和交通拥堵区域，提高配送效率，降低物流成本。一些低空物流企业利用大数据分析方法，将物流配送区域划分为多个网格，根据每个网格的订单密度和配送需求，合理安排无人机的起降点和配送路线，实现物流资源的优化配置。

人工智能技术赋予低空物流系统智能化的决策和执行能力。在无人机配送中，人工智能技术可实现无人机的自主飞行、智能避障、自动装卸货物等功能。通过深度学习算法，无人机可对飞行环境进行实时感知和分析，自动规划飞行路线，避开障碍物和其他飞行器，确保飞行安全。人工智能技术还可实现货物的自动识别和装卸，提高物流配送的自动化程度。如美团无人机运用人工智能技术，实现了无人机的自主起飞、降落和配送。通过对配送区域的地图构建和实时感知，无人机能够自动规划最优配送路线，避开障碍物和人群，准确地将货物送达目的地。

云计算技术为低空物流提供强大的计算和存储能力。通过云计算平台，企业可实现物流数据的集中存储和管理，降低数据存储成本；同时，云计算平台能够为无人机提供实时的计算支持，确保无人机在飞行过程中能够快速处理各种数据，作出准确决策。在物流高峰期，云计算平台可根据物流需求的变化，动态调整计算资源，保障无人机配送系统的稳定运行。一些低空物流企业利用云计算平台，实现物流数据的实时共享和协同处理，提高物流配送的效率和准确性。

2. 新智流通力对低空经济供应链的优化

新智流通力的提升对低空经济供应链的优化具有重要意义，能够促进供应链各环节的协同合作，提高供应链的整体效率和竞争力。

在供应链协同方面，新智流通力通过智能物流系统和先进技术，实现供应链各环节信息的实时共享和交互。供应商、生产商、物流企业和客户之间可通过信息平台实时沟通，及时了解货物的生产进度、库存情况、运输状态等信息，从而实现协同生产、协同配送和协同销售。在低空飞行器制造供应链中，零部件供应商可通过信息平台实时了解生产商的生产计划和零部件需求，提前安排生产和配送，确保零部件的及时供应；生产商可根据物流企业提供的运输信息，合理安排生产进度，避免库存积压；物流企业可根据客户的需求和订单信息，优化配送方案，提高配送效率。通过信息共享和协同合作，供应链各环节能够更好地协调运作，降低运营成本，提高供应链的响应速度和灵活性。

在供应链优化方面，新智流通力能够优化物流配送网络，提高物流配送效率。通过大数据分析和人工智能算法，企业可根据物流需求分布、交通状况、地理环境等因素，优化无人机的起降点布局和配送路线规划，构建高效的低空物流配送网络。一些城市通过建设无人机配送枢纽和分布式起降点，形成"枢纽＋节点"的低空物流配送网络，提高物流配送的覆盖范围和效率。新智流通力还能够实现物流资源的优化配置，根据不同的物流需求，合理调配无人机、配送车辆等物流资源，提高资源利用效率。在物流高峰期，通过智能调度系统，企业可将更多的物流资源调配到需求较大的区域，确保货物能够及时送达客户手中；在物流低谷期，可合理减少物流资源的投入，降低运营成本。

新智流通力还能够促进供应链的创新发展。随着智能物流系统和先进技术的应用，低空经济供应链不断涌现出新的商业模式和服务模式。例如，共享物流模式通过共享无人机、配送设备等物流资源，降低企业的运营成本；定制化物流服务模式能够根据客户的个性化需求，提供定制化的物流解决方案。一些企业推出"无人机＋冷链"配送服务，为生鲜、医药等对温度有严格要求的货物提供高效、安全的配送解决方案；还有一些企业开展"无人机＋电商"配送服务，实现线上购物与线下配送的无缝对接，提升消费者的购物体验。这些创新的商业模式和服务模式，为低空经济供应链的发展注入新的活力，推动供应链的升级和转型。

优化新制分配力，保障低空经济资源合理配置

1. 政策支持与空域管理优化

政策支持与空域管理优化是优化新制分配力的关键环节，对低空经济的发展具有重要的引导和保障作用。在政策支持方面，政府出台一系列政策措施，为低空经济发展提供有力的政策保障。2024 年 1 月 1 日起施行的《无人驾驶航空器飞行管理暂行条例》，填补了中国无人驾驶航空器管理领域的法律空白，为无人机产业的健康发展提供了法律依据。该条例对无人机的生产、销售、使用、监管等方面进行规范，明确各方的权利和义务，促进无人机市场的规范化和有序化发展。

各地政府也纷纷出台相关政策，支持低空经济发展。深圳出台《深圳市低空经济产业创新发展实施方案（2022—2025 年）》，提出到 2025 年，低空经济产业生态更加完善，产业规模进一步扩大，产业创新能力显著提升，将深圳打造成为全球低空经济发展高地。该方案从产业布局、技术创新、应用场景拓展、基础设施建设等方面提出具体的发展目标和任务，并制定一系列支持政策，如加大财政投入、加强人才培养、优化空域管理等。

在空域管理优化方面，中国积极推进低空空域管理改革，逐步扩大低空空域开放范围，提高空域资源的利用效率。2010 年，国务院、中央军委印发《关于深化我国低空空域管理改革的意见》，明确低空空域管理改革的总体目标、阶段步骤和主要任务，拉开了中国低空空域管理改革的序幕。此后，中

国陆续在多个地区开展低空空域管理改革试点，探索建立适应低空经济发展的空域管理体制和运行机制。

在试点地区，通过优化空域划分，将低空空域划分为管制空域、监视空域和报告空域，明确不同空域的管理要求和使用规则，提高空域资源的利用效率。加强空域管理信息化建设，建立低空飞行服务保障体系，实现对低空飞行器的实时监控和管理，提高飞行安全保障水平。一些地区还开展无人机物流配送、低空旅游等应用场景的试点，探索低空经济发展的新模式和新路径。空域管理改革的推进，将为低空经济发展创造良好的空域环境。

2. 企业商业模式创新与合作机制探索

企业商业模式创新与合作机制探索是优化新制分配力的重要内容，有助于实现资源的高效利用和合理分配。在商业模式创新方面，企业不断探索新的商业模式，以适应低空经济发展的需求。如一些企业采用共享经济模式，实现低空飞行器的共享使用，降低运营成本；一些企业创新盈利模式，除传统的飞行服务收费外，还通过数据服务、增值服务等方式获取收益。

在合作机制探索方面，企业加强与政府、科研机构、其他企业之间的合作，实现资源共享和优势互补。以成都天府新区为例，当地政府积极引导企业与高校、科研机构合作，共同开展低空经济技术研发和应用创新。由此，企业之间也加强合作，形成产业集群效应。一些地方还建立低空经济产业联盟，加强企业之间的沟通与协作。联盟成员企业通过共享信息、交流经验、共同制定行业标准等方式，促进产业的健康发展。

引领新挚消费力，拓展低空经济市场需求

1. 新型低空服务与消费体验

新型低空服务的兴起，为消费者带来前所未有的消费体验，极大地拓展

低空经济的市场需求。低空配送作为新型低空服务的重要领域，以其高效、便捷的特点，满足消费者对快速物流的需求。低空旅游则为消费者提供独特的旅游体验。通过直升机、热气球等低空飞行器，游客可从空中俯瞰自然风光和城市景观，领略与传统旅游不同的视角和感受。低空文娱活动也逐渐成为新的消费热点。一些地区举办的无人机灯光秀、航空模型表演等活动，吸引了大量观众。

2. 新挈消费力对低空经济供需循环的推动

新挈消费力的增长对低空经济的供需循环起到积极的推动作用。随着消费者对新型低空服务的需求不断增加，市场需求的扩大促使企业加大在低空经济领域的投入和创新。为满足低空配送的需求，企业不断研发和改进无人机技术，提高无人机的续航能力、载重能力和飞行安全性；为提升低空旅游的体验，企业不断优化旅游线路和服务质量，开发更多的低空旅游产品。企业的创新和投入又进一步提高低空经济的供给能力，提供更多、更优质的低空服务，满足消费者的需求。

新挈消费力的发展还会带动相关产业发展，进一步促进低空经济的供需循环。低空旅游的发展能带动旅游景区、酒店、餐饮等相关产业的发展；低空配送的发展能带动物流仓储、包装等相关产业的发展。这些相关产业的发展，又能为低空经济提供更多的支持和保障，促进低空经济发展壮大。

低空经济发展的挑战与对策

当前，在低空经济发展过程中，基础设施建设进展相对缓慢，关键核心技术仍较薄弱，市场体系发展较为滞后，管理体系建设亟待完善。而在上述困境的背后，主要存在空域管理与政策法规、技术创新与人才短缺、市场认知与接受度等方面的问题。

面临的挑战

1. 空域管理与政策法规问题

空域管理体制的复杂性和灵活性不足，成为制约低空经济发展的重要瓶颈。中国现行的空域管理体制主要基于传统民航运输需求构建，对低空经济的特殊需求考虑不够充分，导致空域资源配置不合理，低空空域开放程度有限。目前，中国低空空域的划设不够科学，大部分低空空域仍处于严格管制状态，可用于低空经济活动的空域资源相对稀缺。相关数据显示，在中国低空空域中，管制空域占比较大，监视空域和报告空域占比相对较小，限制了低空飞行器的飞行范围和活动自由度。

空域管理的审批流程烦琐、效率低下，严重影响低空经济活动的开展。低空飞行计划审批涉及多个部门，审批环节多、时间长，难以满足低空经济快速发展的需求。在一些地区，低空飞行计划审批需要提前数天甚至数周提交申请，且审批结果存在不确定性，导致企业运营成本增加，市场反应速度变慢。一些低空旅游企业在组织飞行活动时，由于飞行计划审批时间过长，无法及时满足游客需求，影响企业的经济效益和市场竞争力。

低空经济领域的政策法规体系尚不完善，存在法律空白和标准不统一的问题。目前，中国虽然出台了一些与低空经济相关的政策法规，如《无人驾驶航空器飞行管理暂行条例》等，但在一些具体领域，如低空飞行器的适航标准、飞行安全监管、运营服务规范等方面，仍缺乏明确的法律规定和统一的标准。这导致企业在开展低空经济活动时，面临法律风险和合规成本增加的问题，也影响市场的规范化和有序化发展。在低空物流配送领域，由于缺乏统一的适航标准和安全监管规范，一些企业在使用无人机进行配送时，存在安全隐患，容易引发事故。

2. 技术创新与人才短缺问题

低空经济领域的技术创新能力不足，关键核心技术受制于人，制约产业的高质量发展。在低空飞行器制造方面，中国在航空发动机、飞控系统、传感器等关键技术领域与国际先进水平仍存在较大差距。航空发动机作为低空飞行器的核心部件，其技术水平直接影响飞行器的性能和可靠性。目前，中国高性能航空发动机主要依赖进口，自主研发能力较弱，这不仅会增加企业的生产成本，也会限制中国低空飞行器制造产业的发展。

在低空智联网、无人驾驶等新兴技术领域，中国虽然已经取得一定的进展，但在技术成熟度、应用场景拓展等方面，仍面临诸多挑战。低空智联网技术需要实现低空飞行器与地面控制中心、其他飞行器之间的实时通信和数据交互，对通信技术和网络安全提出了很高的要求。目前，中国低空智联网技术在通信覆盖范围、数据传输稳定性、网络安全防护等方面还存在一些问题，需要进一步加强技术研发和创新。

低空经济作为新兴产业，对专业人才的需求旺盛，但目前人才培养体系尚不完善，人才短缺问题较为突出。低空经济涉及航空工程、电子信息、交通运输、经济管理等多个学科领域，需要大量具备跨学科知识和实践能力的复合型人才。然而，目前中国高校和职业院校在低空经济相关专业的设置和人才培养方面相对滞后，难以满足市场对人才的需求。

低空经济领域的人才培养存在实践教学环节薄弱、与企业实际需求脱节等问题。一些高校和职业院校在人才培养过程中，过于注重理论教学，忽视实践教学的重要性，导致学生的实践能力和创新能力不足。一些高校在无人机应用技术专业的教学中，缺乏实际飞行操作和项目实践环节，学生毕业后难以快速适应企业的实际工作需求。

3. 市场认知与接受度问题

市场对低空经济的认知不足，消费者对低空经济相关产品和服务的接受度不高，限制了低空经济市场需求的释放。低空经济作为新兴经济形态，在社会大众中的知名度相对较低，很多人对低空经济的概念、应用场景和发展前景缺乏了解。这导致消费者在选择相关产品和服务时，存在顾虑和担忧，从而影响低空经济市场的拓展。在低空旅游领域，很多消费者对低空飞行的安全性存在疑虑，担心飞行过程中会发生意外事故，因此对低空旅游产品持观望态度。一些消费者对低空物流配送的时效性和可靠性也存在疑问，认为无人机配送可能存在货物损坏、丢失等风险，影响低空物流配送服务的推广。

低空经济的商业模式尚不成熟，盈利模式单一，市场竞争力较弱，这将制约企业的发展和市场的培育。目前，大部分低空经济企业主要依靠政府补贴和项目投资维持运营，缺乏可持续的盈利模式。在低空旅游领域，企业主要通过收取游客的飞行费用获取收入，但由于运营成本较高，包括飞行器购置、维护、人员培训等费用，企业盈利能力较弱。此外，低空经济企业在市场拓展和品牌建设方面也面临挑战。由于市场认知度低，企业在推广产品和服务时，需要投入大量的资金和精力进行市场宣传和推广，但效果往往不尽如人意。一些低空经济企业在市场竞争中缺乏差异化竞争优势，难以吸引消费者的关注和选择。

应对策略

1. 完善政策法规与空域管理体系

完善政策法规体系是推动低空经济健康发展的重要保障。首先，政府应加快低空经济相关法律法规的制定和完善，填补法律空白，明确低空飞行器的适航标准、飞行安全监管、运营服务规范等方面的法律规定。要制定统一的低空飞行器适航标准，明确不同类型低空飞行器的技术要求和安全标准，确保飞行器的质量和安全性；完善飞行安全监管法规，加强对低空飞行活动的安全监管，明确监管责任和监管流程，提高监管效率；规范运营服务标准，制定低空经济运营服务的行业标准和规范，保障消费者的合法权益。

其次，政府应加强政策支持，加大对低空经济的财政投入，设立专项产业基金，支持低空经济企业的研发创新和产业发展。要对低空经济企业的研发项目给予财政补贴，鼓励企业加大在关键技术领域的研发投入；设立专项产业基金，引导社会资本投入低空经济领域，支持低空经济企业的发展壮大。同时，政府还应制定税收优惠政策，对低空经济企业给予税收减免和优惠，降低企业运营成本，提高企业的市场竞争力。对从事低空飞行器制造的企业，给予增值税、所得税等税收减免；对开展低空旅游、低空物流配送等业务的企业，给予税收优惠。

优化空域管理体制是促进低空经济发展的关键。一方面，政府应进一步推进低空空域管理改革，扩大低空空域开放范围，提高空域资源的利用效率。根据不同地区的实际情况，合理划分低空空域，将低空空域划分为管制空域、监视空域和报告空域，明确不同空域的管理要求和使用规则，提高空域资源的利用效率。政府应简化空域审批流程，提高审批效率，建立高效的空域审批机制，实现空域审批的信息化和智能化。通过建立低空飞行服务平台，实现空域资源的实时共享和飞行计划的在线审批，缩短审批时间，提高审批效率。

另一方面，政府应加强空域管理的信息化建设，建立低空飞行服务保障体系，实现对低空飞行器的实时监控和管理，提高飞行安全保障水平。要利用大数据、人工智能、物联网等技术，建立低空飞行服务保障体系，实现对低空飞行器的飞行状态、位置信息、气象信息等的实时监测和分析，及时发现和处理飞行安全隐患。通过建立无人机监管平台，对无人机的飞行活动进行实时监控，防止无人机"黑飞"等违法行为的发生。

2. 加强技术创新与人才培养

加强技术创新是提升低空经济核心竞争力的关键。企业应加大研发投入，加强与科研机构和高校的合作，推动低空经济技术创新。企业应加强在无人机、eVTOL 等领域的技术研发，提高产品的性能和质量，提升市场竞争力。在无人机技术研发方面，企业应加大在飞行控制系统、图像传输技术、人工智能算法等关键技术领域的研发投入，提高无人机的智能化水平和飞行安全性。政府应鼓励企业开展技术创新，建立科技创新平台，促进科技成果转化和应用。政府可设立低空经济科技创新专项资金，支持企业开展技术创新项目；建立低空经济科技创新平台，为企业提供技术研发、测试验证、成果转化等服务，促进科技成果的转化和应用。政府还应加强知识产权保护，鼓励企业和科研机构申请专利，保护技术创新成果。

培养专业人才是推动低空经济发展的重要支撑。高校和职业院校应加强低空经济相关专业建设，优化课程设置，培养适应低空经济发展需求的专业人才。高校应开设航空工程、电子信息、交通运输、经济管理等相关专业，注重培养学生的跨学科知识和实践能力；职业院校应加强无人机应用技术、低空飞行器维修等专业建设，培养具有实际操作技能的应用型人才。高校和职业院校可与低空经济企业建立合作关系，共同开展人才培养、技术研发等工作；建立实习实训基地，为学生提供实际操作和项目实践的机会，让学生在实践中学习和成长。政府应加强对低空经济人才培养的政策支持，鼓励企业和社会力量参与人才培养，建立多元化的人才培养体系。比如，可出台相关政策，对参与低空经济人才培养的企业和社会力量给予财政补贴和税收优惠；建立低空经济人才培训基地，为人才培养提供平台和支持。

3. 提升市场认知与推广力度

提升市场认知度是拓展低空经济市场需求的重要前提。政府和企业应加强低空经济的宣传推广，提高社会大众对低空经济的认知度和接受度。政府可通过举办低空经济论坛、展览、演示活动等方式，向社会大众普及低空经济的概念、应用场景和发展前景，提高社会大众对低空经济的认识。例如，举办低空经济论坛，邀请专家学者、企业代表等共同探讨低空经济的发展趋势和应用前景；举办低空经济展览，展示低空经济的相关产品和技术，让社会大众直观感受低空经济的魅力；开展低空经济演示活动，如无人机表演、低空旅游体验等，吸引社会大众的关注和参与。企业应加强市场推广，通过广告宣传、网络营销、体验式营销等方式，提高低空经济相关产品和服务的知名度和市场占有率。企业可利用电视、报纸、网络等媒体进行广告宣传，介绍低空经济相关产品和服务的特点和优势；开展网络营销，通过社交媒体、电商平台等渠道，推广低空经济相关产品和服务；开展体验式营销，为消费者提供低空旅游、无人机配送等服务的体验机会，让消费者亲身感受低空经济的便捷和优势。

创新商业模式是提升低空经济市场竞争力的关键。企业应积极探索新的商业模式，拓展盈利渠道，提高市场竞争力。企业可采用共享经济模式，实现低空飞行器的共享使用，降低运营成本；创新盈利模式，除传统的飞行服务收费外，还可通过数据服务、增值服务等方式获取收益。一些企业推出无人机共享平台后，用户可通过平台租赁无人机，根据使用时间和飞行里程支付费用，这种模式不仅可以提高无人机的利用率，还能降低用户的使用成本。一些低空经济企业通过收集和分析低空飞行数据，能为政府部门、企业提供数据服务，帮助其进行城市规划、交通管理、环境监测等工作，实现数据的价值变现。企业应加强品牌建设，树立良好的品牌形象，提高品牌知名度和美誉度。企业可通过提高产品和服务质量、加强客户服务、参与社会公益活动等方式，树立良好的品牌形象；加强品牌宣传推广，通过广告宣传、公关活动等方式，提高品牌知名度和美誉度。一些低空经济企业应注重产品和服务质量，为客户提供优质的低空飞行服务，赢得客户的信任和好评，树立良好的品牌形象。

趋势与展望

首先，低空经济在技术创新、应用场景拓展、产业融合等方面将实现更大突破，成为推动经济高质量发展的重要力量。随着人工智能、大数据、物联网、新能源等技术的不断进步，低空经济将迎来更多的技术创新机遇。无人机和 eVTOL 等飞行器将朝着智能化、电动化、绿色化方向发展，飞行性能和安全性将进一步提升。人工智能技术将使无人机具备更强的自主决策能力，能够在复杂环境下实现自主飞行和任务执行；新能源技术的应用将降低飞行器的能耗和碳排放，实现绿色飞行。

其次，低空经济的应用场景将不断拓展，与更多领域实现深度融合。在物流配送领域，无人机和 eVTOL 将实现更高效、更广泛的配送服务，解决"最后一公里"配送难题，提高物流效率，降低物流成本。在城市交通领域，eVTOL 有望成为城市空中交通的重要工具，缓解城市交通拥堵，提高出行效率。在应急救援领域，低空飞行器将发挥更大作用，实现快速响应、精准救援，提高应急救援能力。低空经济还将与农业、林业、旅游、安防等领域实现深度融合，为这些领域的发展提供新的动力和支持。

最后，低空经济与其他产业的融合发展将进一步深化，形成更加完善的产业生态。低空经济将与智能制造、数字经济、绿色经济等产业相互促进、协同发展，推动产业结构优化升级。低空经济与智能制造产业融合，将促进飞行器制造的智能化和自动化，提高生产效率和产品质量；低空经济与数字经济融合，将实现低空飞行数据的采集、分析和应用，为产业发展提供数据支持；低空经济与绿色经济融合，将推动新能源在飞行器中的应用，实现绿色发展。

面向未来，笔者将进一步深化低空经济与新经济理论体系的融合研究，探索"三破三立""四力整合""五新驱动"等理论在低空经济不同发展阶段和细分领域的具体应用和实践路径；深入研究低空经济在不同区域的发展模式和特色，结合区域资源禀赋和产业基础，提出更加精准的区域低空经济发展策略和政策建议；加强对低空经济发展中的风险评估和管理研究，包括技术风险、安全风险、市场风险等，建立健全风险预警和应对机制，保障低空经济安全稳定发展。

延伸阅读·杭州实践

低空经济是一场划时代的新质革命与场景变革。当前，杭州在低空经济空域具备前瞻性理念与积极发展态势，为其他城市带来现实启迪。

2024年7月，杭州市人民政府办公厅印发《杭州市低空经济高质量发展实施方案（2024—2027年）》。该方案提出，坚持以产业发展为龙头、以科技创新为驱动、以场景应用为牵引、以安全发展为保障，统筹推进低空交通、低空产业发展，将杭州打造成为全国低空经济领军城市。

杭州高度重视发展低空经济的战略意义，将其视为推动城市经济多元化发展、提升城市综合竞争力的重要引擎。杭州将以创新驱动、协同发展为理念，积极探索低空经济与其他产业的深度融合模式，力求构建一个开放、包容、可持续的低空经济生态系统。

当前，杭州加快完善低空基础设施，加快固定翼/多旋翼无人机、无人直升机、eVTOL等整机研发，同时积极研发主控芯片、三电系统、机载传感器等关键零部件和飞行控制、低空反制、通信导航、管服平台等核心系统。

技术创新是杭州低空经济发展的核心动力。杭州鼓励企业加大在无人机技术、飞行器制造等关键领域的研发投入，取得一系列突破性成果。例如，企业研发的高性能无人机，在物流配送、农林植保等领域得到广泛应用，其先进的飞行控制系统和精准的定位技术，能够大幅提高作业效率和质量。

应用场景的拓展是杭州低空经济的一大亮点。在物流配送方面，杭州积极试点无人机配送业务，与电商、物流企业合作，实现货物的快速、精准投递，有效解决"最后一公里"配送难题。在低空旅游领域，杭州推出多条特色低空旅游线路，游客可以乘坐直升机等观光飞行器，从空中俯瞰杭州的美丽景色。独特的体验将吸引大量游客，带动相关产业的发展。

杭州注重政策支持与产业协同，计划到 2027 年，新招引低空经济产业链相关企业 200 家以上，培育"专精特新"企业 5 家以上、"小巨人"企业 2 家以上。通过吸引众多低空经济企业入驻，形成产业集聚效应。同时，加强与高校、科研机构的合作，为低空经济发展提供强大的技术和人才支撑。

在低空经济领域的理念与进展，充分展示了杭州在新兴产业发展方面的创新能力和实践经验，为其他城市在低空经济领域的探索提供有益的参考和借鉴，有助于推动全国低空经济的蓬勃发展。

附录一

杭州市低空经济高质量发展实施方案（2024—2027 年）

为推动低空经济高质量发展，根据中央经济工作会议精神和省政府相关工作部署，结合我市实际，特制定本方案。

一、总体要求

以习近平新时代中国特色社会主义思想为指导，着眼发展新质生产力，抢抓低空经济发展战略机遇，坚持以产业发展为龙头、以科技创新为驱动、以场景应用为牵引、以安全发展为保障，统筹推进低空交通、低空产业发展，将杭州打造成为全国低空经济领军城市。

（一）低空产业能级大幅跃升。加快产业补链强链，到 2027 年，催生头部或关键环节企业 10 家以上，引育产业链相关企业 600 家以上，产业规模突破 600 亿元。

（二）低空交通网络基本成型。推进"基础网""航线网""飞服网"（以下简称"三张网"）建设，到 2027 年，建成低空航空器起降场（点）275 个以上，开通低空航线 500 条以上，建成统一管理服务平台，基本实现"三张网"全覆盖。

（三）低空管理体系有效运行。建立健全空域规划、航线划设、飞行准入、运行管理、空地安全等标准和规范，形成全链管理体系，到2027年，实现无人机安全运行超百万架次/年。

（四）低空应用场景丰富多元。重点打造"低空＋物流""低空＋治理""低空＋文体旅"三大应用品牌，加快探索"低空＋客运"新业态，到2027年，低空物流总量进入全国前5位，低空飞行量超过180万架次/年。

（五）低空试点示范成效显著。全力争创国家低空经济相关试点，推动区、县（市）开展省级试点创建，到2027年，全市创建省级试点区、县（市）3—5个，形成一批试点经验。

二、工作任务

（一）加快补链强链，建设低空产业创新高地

1. 加大低空企业招引培育力度。绘制产业链图谱，建立低空经济企业数据库。招引低空制造企业落户杭州，引导支持低空应用企业做精做强。深入实施梯度培育计划，聚力打造"隐形冠军""专精特新""小巨人"和单项冠军。到2027年，新招引低空经济产业链相关企业200家以上，培育"专精特新"企业5家以上，"小巨人"企业2家以上。

2. 加快低空产业园区建设。加大产业园培育建设力度，引导既有相关产业园向低空经济领域拓展延伸。支持萧山区、余杭区、临平区、钱塘区和建德市等地，聚焦低空物流、低空数据、低空视觉、低空制造等领域，打造5个低空经济产业发展示范区。

3. 开展关键核心技术攻坚。深入实施"尖兵""领雁"等计划，开展重大科技项目和首台（套）攻关。瞄准固定翼/多旋翼无人机、无人直升机、电动垂直起降飞行器（eVTOL）等整机研发，主控芯片、三电系统、机载传感器等关键零部件，飞行控制、低空反制、通信导航等核心系统，组织实施专利

导航。实施科技成果转化"双百千万"专项行动，支持建设概念验证中心，促进低空科技成果高效转化。到 2027 年，累计实施科技攻关项目不少于 10 个。

4. 打造高新高能创新载体。鼓励低空经济产业链上下游企业与国内外高校、研究机构等在杭组建创新联合体，构建"基础研究＋技术攻关＋成果产业化"全过程创新生态链。支持创建低空经济领域全省重点实验室，争取全国重点实验室落户杭州或在杭设立分实验室。到 2027 年，省级及以上研发中心等创新平台达 5 个以上。

（二）夯实"数实"基建，完善低空交通运行网络

5. 加快低空基础设施建设。坚持政府主导、统一规划、国企带动、社会参与，加快各类低空航空器起降场（点）、测试场、智能基站布局，建设 eVTOL 起降运营中心，布设 5G-A 网络、卫星互联网等，满足低空航空器起降、飞行、停放等功能需求。到 2027 年，建成公共无人机起降场 40 个以上，末端无人机起降点 220 个以上，试飞测试场 3 个以上，各类直升机起降点 15 个以上。

6. 加快航路航线网络布局。依托建德千岛湖通用机场，加快推进与省内其他城市互联互通。按照"最优布点、复合利用、最大覆盖"原则，打造服务城际、城市、城乡的"干—支—末"无人机航线网络。加快开展低空空域环境普查，构建低空数据底座。到 2027 年，实现市内低空航线基本成网，开通市际低空航线 3 条以上。

7. 加快低空管理平台建设。建设低空交通飞行服务平台，为低空用户提供空域航线申请、计划申报、通信导航、情报、气象等服务。建设低空交通监管平台，实现准入审批、过程监管等功能，与飞行服务平台、上级监管平台互联互通，实现信息数据动态传输，加强运行全过程监管。

（三）建立制度规范，提升低空交通保障能力

8. 构建空域协同管理机制。建立军地民低空空域协同管理机制，统筹推进空域分级分类管理。积极推动优化航线飞行计划申报审批环节，加快推进

飞行计划"一窗口、一站式"办理。

9. 建立低空交通标准规范。加强低空交通规则研究，制定低空航空器飞行管理办法。支持产学研用单位参与研究和制订相关标准。积极争取国家无人航空器适航审定、检验检测等机构落户杭州，推动无人航空器适航审定与测试本地化工作。

10. 强化低空运行安全管控。建立市级无人机公共安全管理平台，研究制定城市空中交通安全管理办法。落实禁飞空域相关制度，加强防御反制，依法打击各种违规飞行行为。建立健全低空飞行安全应急处置机制，保障全市低空交通安全运行。

（四）培育市场需求，拓展低空应用多元场景

11. 搭建低空物流服务体系。推进城际、城市无人机干线物流配送，拓展枢纽快递转运、生鲜城际半日达等场景。推动物流中端场景应用，在城市内一、二级物流仓之间开展低空转运，实现市内快递2小时内送达；在山区、乡村等交通不便地区开展无人机配送应用。培育零售、餐饮、医疗物品等低空即时服务需求，加快开展无人机末端配送，实现30分钟内即时送达。

12. 丰富低空文体旅消费业态。深耕"低空＋文旅"特色项目，培育低空游览、摄影、研学、表演等业态，支持举办建德航空飞行大会等活动，开展钱塘江、千岛湖、湘湖等沿江沿湖低空观光体验。到2027年，培育低空旅游精品航线4条以上。支持杭州西湖风景名胜区打造"低空游览＋接驳"场景。培育"低空＋体育"消费需求，支持余杭区、富阳区、临安区、建德市等地，打造无人机竞赛、虚拟无人机智力运动、高空跳伞运动、滑翔伞运动等低空体育"金名片"，推动低空文体旅联动发展。

13. 创新低空城乡治理。支持公共服务行业通过政府购买服务等方式，加大低空航空器在国土勘察、生态治理、农林植保、气象干预、抢险救灾、电力巡线、管网巡查、港口巡检、城市治堵、城市治安等场景应用力度，到

2027 年，形成 30 个以上典型案例。完善"空中 110""空中 120""空中 119"等应急体系，实现低空救援快速响应。

14. 探索潜在应用场景。持续挖掘低空产品和服务适用场景，评选并推广低空应用优秀案例。推动以 eVTOL 为主的新兴航空器应用，探索城际出行、联程接驳、空中通勤等空中交通场景，培育低空载人新业态。围绕建德航空小镇，打造通用航空器与无人航空器融合运输场景。

（五）开展试点示范，打造低空经济杭州样板

15. 争创低空领域杭州试点。积极申报创建城市空中交通管理、低空经济产业等国家级试点，参与国家通用航空装备创新应用综合运营试点省建设。

16. 开展区、县（市）示范创建。鼓励区、县（市）积极申报创建省级示范，在低空产业、低空交通等方面形成一批可复制推广的成果经验，带动全市低空经济高质量发展。

三、保障措施

（一）强化组织领导。建立低空经济发展工作协调机制，负责统筹全市低空经济发展。组建工作专班具体推进落实，专班办公室设在市交通运输局。

（二）加强要素保障。制定全市低空经济发展专项支持政策，强化资金、土地、金融、人才等要素保障。支持高校、职业院校等开设低空经济相关专业学科，加快各类人才培育。加强知识产权保护，建立低空经济产业统计监测体系。

（三）建立推进机制。围绕低空经济总体发展目标，建立任务清单、责任清单、问题清单等三张清单，逐年进行分解落实。

（四）加大智库支撑。组建杭州市低空经济专家委员会，吸纳知名高校、重点研究机构、产业链头部企业共同参与，为我市低空经济发展提供决策支持。

本方案自 2024 年 7 月 28 日起施行，有效期 3 年，由市交通运输局牵头组织实施。

第九章
未来产业的创新生态

俯瞰低空经济这一新兴领域，其蕴含的巨大潜力令人遐想。站在时代前沿，将目光投向更广阔的世界，未来产业正以一种前所未有的态势，成为城市在全球竞争中胜负的关键因素。

未来产业，承载着人类对科技突破、生活变革的美好期许，是前沿科技与创新理念深度融合的结晶。2025 年政府工作报告提出，"建立未来产业投入增长机制，培育生物制造、量子科技、具身智能、6G 等未来产业"。这些产业代表着人类对未知领域的不懈追求。构建未来产业的创新生态，让各类创新主体相互依存、协同进化，催生出无数创新成果与商业模式。这样的创新生态，能够为城市带来全新的经济增长点，更能从根本上改变城市的产业结构，提升城市的综合竞争力，塑造城市未来发展的全新风貌。

本书在接近尾声之际，聚焦于未来产业的创新生态，与杭州在硬核创新之路上的表现形成呼应。通过剖析未来产业创新生态的核心要素与构建路径，探寻城市在未来产业竞争中脱颖而出的制胜之道，有望帮助各地描绘出一幅与杭州"神似而形不似"的硬核创新蓝图。

从战略性新兴产业到未来产业

未来产业是基于重大科技创新形成的新兴产业，其发展进程深刻改变了国际竞争格局和国家综合实力对比结果。谁能在重大科技创新上持续发力并取得实质性突破，谁就能占领未来产业前沿阵地。当前，发展未来产业已成为中国打造全球竞争新优势、抢占国际竞争制高点的战略先导，是培育新质生产力、推动高质量发展的必然选择，而未来产业创新生态则是国家创新生态体系构建的关键一环。

习近平总书记在二十届中共中央政治局第十一次集体学习时强调："要及时将科技创新成果应用到具体产业和产业链上，改造提升传统产业，培育壮大新兴产业，布局建设未来产业，完善现代化产业体系。"由此可见，传统产业、新兴产业、未来产业都是现代化产业体系的重要组成部分，需要依靠科技创新逐步实现产业跃迁。传统产业与新兴产业、未来产业之间有明显区分，但新兴产业与未来产业是相对的，当下布局的未来产业在今后一个时期就有可能发展成为战略性新兴产业，这与技术成熟度、市场潜在规模、细分赛道选择密切相关。

概念内涵比较

　　未来产业的概念最早出现在亚历克·罗斯（Alec Ross）所著的《未来产业》（*The Industries of the Future*）一书中。学术界关于未来产业的讨论有很多，国内学者重点关注产业培育形成的过程状态和影响结果。有学者认为，未来产业是"由处于探索期的前沿技术所推动、以满足经济社会不断升级的需求为目标、代表科技和产业长期发展方向，会在未来发展成熟和实现产业转化并形成对国民经济具有重要支撑和巨大带动作用，但当前尚处于孕育孵化阶段的新兴产业"。也有学者认为，未来产业是"重大科技创新产业化后形成的、代表未来科技和产业发展的新方向、对经济社会具有支撑带动和引领作用的前瞻性新兴产业"。虽然各种理解和定义存在一定差异，但学界在认识不断深化的过程中也逐渐形成了一些共识。2024 年 1 月，《工业和信息化部等七部门关于推动未来产业创新发展的实施意见》指出，"未来产业由前沿技术驱动，当前处于孕育萌发阶段或产业化初期，是具有显著战略性、引领性、颠覆性和不确定性的前瞻性新兴产业"，这是近年来官方层面出台的比较权威的阐释。

　　战略性新兴产业是建立在高新技术基础上的创新型产业，代表了全球科技创新和产业发展的方向，能够推动先进技术快速扩散，进而提升社会劳动生产率。纵观新兴产业发展历程可以发现，产品创新并不一定依托于颠覆性技术革命，而更多基于现有先进技术进行有机组合，生产出受到市场广泛认同的代表性产品。新兴产业通常伴随着以科技进步为代表的新供给、潜在消费群体的新需求以及传统消费升级的出现，其初期发展还不成熟，产业规模小、市场培育度低，可能需要经过较长时间才能够诱发战略性新兴产业的崛起。

概括而言，未来产业和战略性新兴产业都是新质生产力的重要载体，通过创新驱动引领产业变革（如表9-1所示）。从驱动力量看，科技创新始终是主导。未来产业主要由以点到面的前沿技术驱动，战略性新兴产业需要由基于产业链条的关键技术优势整合来驱动。从影响作用看，战略引领至关重要。未来产业更加强调"战略的显著性"以及"涌现性的颠覆"，而战略性新兴产业仅突出对经济社会重要领域的引领和支撑。从应用场景看，市场前景广阔，需求潜力巨大。未来产业存在较大不确定性与市场失灵等问题，潜在风险与市场收益成正比，而战略性新兴产业相对而言处于技术产业化阶段，已经跨越技术路线的不确定性拐点，市场预期价值实现的可能性较大。

表 9-1　未来产业与战略性新兴产业的内涵比较

类别	未来产业	战略性新兴产业
驱动力量	共同点：科技创新	
	前沿技术驱动	关键技术优势整合
影响作用	共同点：战略性和引领性	
	"战略的显著性"和"涌现性的颠覆"	经济社会重要领域引领支撑
应用场景	共同点：市场前景广阔、需求潜力巨大	
	较大不确定性与市场失灵	市场预期价值实现程度较高

技术周期比较

技术创新是长波形成、发展和演化的根本因素。科技革命导致"技术—经济"范式发生变化，进而引发经济周期波动，从全球范围看，至今已形成五次长波。当前，世界总体仍处于第五次技术经济周期的后半段，大国之间在高科技领域的博弈和竞争日趋激烈，中国正面临技术扩张，对新技术的需求日益增多。全球金融危机后，世界各国大力发展新兴产业，中国立足于自身的科技水平和产业基础，将节能环保、新一代信息技术、生物、高端装备制造、新能源、新材料、新能源汽车作为优先发展的七大战略性新兴产业。在产业培育初期，一些技术的产业化进程还不成熟，在当时条件下的技术路线选择也存在不确定性因素，还处于 A-U 创新模式过程中的流动阶段，研发经费支出较高，产品创新明显强于工艺创新。进入新发展阶段，一些战略性新兴产业不断发展壮大，技术创新的高风险和不确定性有所降低，技术路线进一步收敛并逐步走向成熟。以 5G 为代表的新一代信息技术、新能源汽车等在国际市场初具竞争力，高端装备制造、新材料等产业经受住了外部考验，市场空间潜力巨大。

当前，新一轮技术革命已从蓄势待发进入集中迸发的关键期，战略性新兴产业正逐步发展和孕育未来产业。未来产业因突出的前瞻性和不确定性而呈现出长期动态演化的趋势，需要经历从基础研究、技术转化到成功产业化的非连续创新过程。一般而言，应用性技术开发属于中期创新，需要 5 年左右的时间。基础性技术开发由于涉及技术原理的发现和新技术的发明，可能需要 8～10 年的时间甚至更长。未来产业萌发于重大颠覆性技术，属于基础性技术开发范畴，主要包括：面向科学技术的新原理、新应用和新组合，识别和培育可能引发体系范式变革的重大颠覆性技术（前沿技术供给）；以及面向国家重大战略和市场需求，识别和培育可能引发主导技术变轨的重大颠覆性技术（公共产品供给）。总体来看，未来产业的技术周期要比战略性新兴产业更长，不仅要实现从基础研究到技术转化的自身调适，也要突出与其他战略性新兴产业的现实融合。

产业方向比较

从发展逻辑看，战略性新兴产业的技术路线比较清晰且基本完成了研发试错，具有相对明确的产业形态和产品类型，技术趋于成熟，产业化实现要素初步具备。未来产业仍处于产业创新前期试错阶段，具有很强的前瞻性和不确定性，技术更加接近前沿。在一定程度上，未来产业是战略性新兴产业发展的必然结果，战略性新兴产业则是未来产业的必经阶段。

从市场前景看，未来产业发展将围绕智能、健康、绿色三大主导技术群，不断拓展网络空间、生命空间和生存空间。在网络通信领域，互联网将与工业控制、汽车自动驾驶、能源互联网，以及云计算、人工智能等新一代信息技术深度融合，万物互联正逐渐成为新的发展趋势。在生命科学领域，随着基因编辑、脑科学、合成生物等前沿技术的不断突破，生命科学与信息技术、新材料等领域将逐步实现深度融合。在空天领域，随着"太空＋互联网"跨界融合，全球将进入以全面商业化、军民融合为特征的新太空时代。

从细分赛道看，如表9-2所示，未来产业聚焦战略性新兴产业前沿细分赛道，试图通过在产业变革中找到"根技术"，从而控制"母产业"，体现了新技术、新产业的创新效率。比如，未来网络是集连接、感知、计算和数据服务于一体的智能化自主进化网络，关键在于突破高性能网络芯片、物联网搜索引擎、E级高性能计算、面向物端的边缘计算等技术。类脑智能将类脑计算和脑机融合作为未来重要的技术方向，关键在于突破面向类脑芯片的深度增强学习方法、柔性脑机接口等技术。深海空天开发包含多个环节和装备支持，重点聚焦空天信息及装备、深海工程设备、深海资源开发与生态保护等，关键在于适应深海空天各类复杂环境，推动运载技术、信息技术以及作业与保障等关键器件自主可控。

表 9-2　未来产业对应战略性新兴产业的细分赛道

对应战略性新兴产业类别	未来产业重点方向	细分领域
新一代信息技术、生物技术	类脑智能	类脑计算、脑机接口、类脑机器人
新一代信息技术	量子信息	量子通信、量子计算、量子精密测量
	未来网络	高速全光通信网络、第六代移动通信系统、算力网络
生物技术	基因技术	基因医疗、合成生物、基因育种、基因专用仪器设备
航空航天、海洋装备	深海空天开发	空天信息及装备、深海工程设备、深海资源开发与生态保护
新能源	氢能与储能	绿氢制备与储运、新型储能、清洁能源开发利用

未来产业的创新生态系统框架

未来产业发展有赖于一定的经济基础和技术条件，更离不开良好的创新生态。演化经济学从"经济发展具有产业特定性"的原理出发，提出产业政策与产业创新体系对企业、产业乃至国家发展具有重大作用，尤其是新兴产业具有更大的创新窗口和更强的战略性。随着前沿知识持续涌现和共性关键技术不断突破，未来产业对创新生态系统的结构功能提出了新的要求。面向未来产业的创新生态系统是指不同类型、不同阶段的创新参与者之间，以及其与外部环境之间，通过物质、信息的流动交换，推动前沿知识生产和颠覆性技术创新，并基于开放创新实现从未来科技到未来产业的演化进阶。

未来产业创新生态功能

创新生态系统中的参与者包括研发、试制、生产、消费、服务等各类主体，创新要素在各类创新参与者中自由流动，以产品创造、生产和产业化为主线，贯穿整个未来产业创新生态系统，着力在培育细分新赛道、降低高风险和不确定性、拓展显著规模优势等方面提升整体性能。

其一，优化创新资源配置。产业发展壮大离不开市场在资源配置中的决定性作用，也需要通过政府手段合理调配各类资源。对未来产业而言，科技资源尤为重要，在培育初期就需要大量投入。未来产业创新生态系统通过积极引导有限科技资源向细分领域倾斜，确保技术探索一代、研发一代、生产一代、储备一代，最终使得各类创新资源在系统内的配置更加合理。

其二，加速科技成果转化。科技成果转化是科技和产业的纽带，需要经过科技成果—小试—中试—商品化—产业化等多个阶段。从最早的"政产研"，到"政产学研金服用"等多维要素汇集，都坚持以市场需求为导向不断提升创新协同效率。对未来产业而言，一些前沿技术由于尚不具备稳态性，往往起点高、投入大、跨领域，但这些科技创新成果通过转化能够成为新质生产力。未来产业创新生态系统通过推动供给侧与需求侧有效衔接，增强未来产业创新要素之间的互补性。

其三，增强各类风险防御。从产业生命周期看，任何一个产业的发展壮大都面临技术创新失败、商业模式失败的风险以及经济和社会风险。对未来产业而言，最初的技术路线具有高度的不确定性，如果闯不出前沿技术"无人区"，或者是因技术路线不稳定而无法产业化，就会形成大量的沉没成本。未来产业创新生态系统通过引导创新参与者形成紧密的合作协同关系，使其共同分担前期技术试错成本。

未来产业创新生态系统框架

有研究提出，未来产业创新生态系统是围绕未来产业培育与发展形成的各种创新群落，是在创新环境中通过相互作用、相互影响而构建的动态性开放系统，包括前沿知识创造群落、应用场景转化群落和产业价值实现群落三个部分。还有研究从生态组织、生态网络、生态数字化赋能、生态空间联系、生态位管理、生态治理机制等升维角度构建了未来产业创新生态。不难看出，未来产业创新生态系统突破了以往创新链、产业链双向互动视角，更加强调技术创新、研发模式、生产方式、业务模式和组织结构的同步革新。笔者认为，未来产业创新生态系统建立在前沿技术预见的基础上，由技术成长、创新扩散、产业演进三个层次不同但又有交叉的子系统构成。未来技术从实验室走向市场，需要科学家、企业家、风险投资家、政策制定者在不同子系统内部和之间协同互动，其开放式创新的泛在化、开源化特征会更加明显，并由诸多创新参与者共同促进知识创造、流动和产业价值的实现（见图 9-1）。

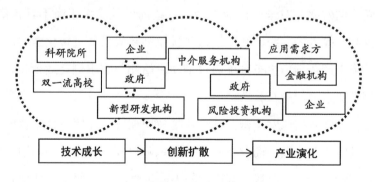

图 9-1　未来产业创新生态系统架构

其一，技术成长子系统。科学新发现主要源自高校和科研院所，这是技术创新的源头，但科学新发现并不必然转化为技术创新产品，只有满足市场需求和战略要求的科学新发现才能加速演进。未来产业的重大科技创新主要源于信息技术、生物技术、材料技术等基础领域的突破，先进能源、智能制造等所引发的生产要素和生活方式的重大变革，以及空天科技、深海极地等未来战略空间的探索。因此，未来产业的形成容易受到技术、市场和国际环境等的影响而存在较大不确定性，会面临从未来科技转化困难到未来产业技术路线选择难、应用领域变化快等问题。在技术成长子系统中，必须充分调动科学家和企业家两个主体的积极性。高校和科研院所要面向技术源头问题、基础科学原理持续做好探索性研究，尤其要注重多学科领域交叉融合，强化战略科学家和拔尖技术人才的培养。新型研发机构要发挥市场对技术方向、资源配置的导向作用，通过体制机制创新吸纳更多投资主体参与技术预见，引导更多研究团队参与源头创新。科技领军型企业要提前介入技术成长前端，对具有应用价值的基础研究和技术创新作出预判，通过项目投资方式参与到从基础科学发现向技术转化的过程中。政府要在创新平台建设、产业政策扶持等方面发挥引导作用，包括加强基础研究统筹布局、推动共性关键基础技术攻关等，在人力、财力、物力等方面布局特定细分领域。

其二，创新扩散子系统。当科学新发现真正沉淀为相对稳定的前沿技术，或者已有产业主导技术发生变轨时，技术创新扩散作用就开始显现。对未来产业而言，这意味着颠覆性创新的技术路线基本明确，试验产品已初步适应市场需求，但尚未形成一定市场规模，相关外部产业配套及创新转化效率还有待提升。根据创新扩散一般规律，需要重点关注新产品市场规模的形成过程，尤其是市场需求爆发的临界点和趋于稳定的饱和点。创新扩散子系统中仍然会存在新型研发机构、风险投资机构、企业、政府等参与主体，同时也将吸引各类中介服务和金融机构进入。相较而言，高校和科研院所会逐渐退出但会持续关注创新扩散进程，结合市场需求对技术路线作出改进并形成有效反馈。风险投资机构对加速技术创新扩散具有重要作用，当然这期间也会出现资本炒作，但关键在于合理分散投资风险、有效规避盲目进入。各类企业要发挥市场开拓、产业孵化的主体作用，无论是前期一直参与的科技领军型企业，还是后期逐步进入的应用型初创企业，都要结合市场需求挖潜前沿科技应用的最大可能性。新型研发机构要更好发挥技术联结纽带和双方供需对接的作用，更好地为科技初创企业赋能。中介服务机构作为新进入的参与主体，要结合前沿技术的特殊属性探索技术转移服务新模式，与新型研发机构和各类企业高效协作，进一步提升未来产业网络生态的整体价值。政府要在外部公共产品提供和有效政策激励上发挥扶持作用，其职责要从前期未来产业选择和细分领域布局等战略规划转向财税、金融、科技、园区等具体政策。

其三，产业演化子系统。随着前沿科技新产品逐步被市场接受，产业创新绩效将成为影响未来产业培育和壮大的关键要素。通常来讲，科技底层问题的解决能够支撑未来产业进行关键科技突破，进而产生新技术、新产品。在市场需求的拉动下，新技术、新产品将实现规模化迭代应用，并带动未来产业科技不断成熟。当前，中国布局的未来产业新赛道总体还处在技术成长和创新扩散期，真正进入产业演化甚至产业集群细分领域的很少，但也可借鉴战略性新兴产业集群生态培育的一些思路方法，在确保稳态可控的前提下，通过应用场景法创新倒逼产业自身不断演进。在产业演化子系统中，各类企业、应用需求方、金融机构成为重要参与主体，市场在产业演化和集聚方面的资源配置决定性作用会更加明显，个别产业即使经过一个较长时期进入衰退周期，这也是产业自身的逻辑选择。未来产业的价值链将由科技型领军企业主导构建，大中小企业、国有企业与民营企业必须找准自身在产业链、价值链上的合适位置，通过相互协作互通、深度融合创新真正嵌入其中，从而在实践中不断提升未来产业体系的效率。应用需求方是伴随市场规模扩大而增加的，产业演化生态中需要实现的是供需动态稳定、迭代优化升级，以应用品牌创新和管理模式创新为主要方式。金融机构主要解决伴随前沿技术新产品市场规模扩大而产生的企业自身发展过程中的融资需求问题，为此，科技金融的支持作用显得尤为重要。

未来产业创新生态的内在运行逻辑

未来产业创新将伴随着 Gartner 技术成熟度曲线和创新扩散曲线的变动而动态变化。当前，未来产业总体处于产业生命周期的孕育期，技术和产业发展充满高度的不确定性，创新主体之间、创新主体与外部环境之间会发生协同演化。在前沿技术驱动和市场需求拉动的共同作用下，未来产业创新生态的发展会先后经历技术成长、创新扩散、产业演化三个子系统主导的阶段，而每个子系统内的创新主体功能对系统之间的联动至关重要。如前所述，连接未来产业的技术源头在高校和科研院所，推动技术成长至创新扩散的关键主体是新型研发机构和科技领军型企业，由创新扩散到最终形成产业集群的重要参与者是风险投资机构和应用需求方。未来产业创新生态系统的正常运转离不开必要的制度环境，相应的制度安排要符合未来产业发展的客观规律并不断调适。因此，不仅要找出三个子系统内在的运转关键节点和动力机制，还要从各子系统与由政府激励约束形成的制度环境之间的相互适应以及必要的硬件保障等角度，来观察系统运转是否高效贯通。

其一，未来产业的孕育是一个由前瞻技术触发、引进、改良和扩散的过程，并通过各个子系统的相互传导得以实现。在此过程中，政府扮演着加速技术创新链式反应的重要作用，通过国家战略科技力量推动高校、科研机构、企业等创新资源大规模集聚，促使持续创新达到临界条件，进而涌现出革命性的技术创新。但同时应当看到，战略需求使以科学为基础的技术得到大规模应用，加快了科学向技术、产品的转化，同时孵化了新的未来产业，但战略需求并不能替代市场需求，特别是在技术产业规模扩张的过程中，必须注重应用需要的导向。

其二，科技创新是未来产业的核心要素，要从培育新质生产力的视角把握好未来产业的新方向、新模式、新动能。在催生未来产业新方向上，以高水平研究型大学和国家科研机构为代表的产业创新主体要充分发挥协同作用，尽快使前沿技术突破落地，以确保未来产业方向形态稳定。在催生未来产业新模式上，要处理好产业创新内部不同创新主体之间的关系，尤其是在生产方式、商业模式变革过程中，应强化科技创新主体和产业创新主体之间的协同，在产业演化中加强产业链、供应链上下游协同，不断提升组织效率和产品效益。在催生未来产业新动能上，要注重项目、平台、人才、资金等要素的一体化配置，进而创造未来产业新价值。

其三，未来产业创新生态的加速演进离不开风险投资和金融机构的介入，需要着力解决相对稳定的投资回报与未来发展不确定性问题。未来产业创新是一个高知识技术密集、高资本投入和高风险的过程，需要由创业投资、天使投资、风险投资等不同类别的投资和长期资本来帮助其跨越"死亡之谷"。下一步的产业扩张也需要金融机构在产业孵化培育过程中持续提供支持，积极挖掘和培育高技术、高成长、高价值企业。

世界主要国家的未来产业政策

从全球范围看，未来产业已成为当前及今后一个时期全球产业竞争最为激烈的战略角逐目标。面对未来产业的技术创新趋势，美国、德国、日本等发达国家已开始着手布局未来产业，在评估调整现有产业创新政策的基础上推出新的战略举措。各国在未来产业方向的选择上趋于一致，都充分认识到数字科技、能源科技、生命科技、材料科技、空天科技等未来科技推动技术跨界与新业态、新模式融合的重要性，强调要进一步加大研发投入力度、推动科研组织管理变革、布局重大科技基础设施、吸引全社会积极参与等，但在重点领域、引导模式、具体政策的选择上各有侧重。

美国：塑造未来产业全球竞争力

近年来，美国积极布局未来产业，加大对未来产业的政策干预力度，不断塑造未来产业的全球竞争力。从美国白宫科技政策办公室（OSTP）发布《美国将主导未来产业》（*America Will Dominate the Industries of the Future*），到美国总统科技顾问委员会（PCAST）发布《关于加强美国未来产业领导地位的建议》（*Recommendations for Strengthening American Leadership in Industries of the Future*），再到《无尽前沿法案》（*Endless Frontier Act*）、《2020 年未来产业法案》（*Industries of the Future Act of 2020*）的出台，美国初步构建了发展未来产业的总体战略框架，在原有良好产业创新生态的基础上更加突出投资多元化和组织变革创新。从重点关注领域看，先进软件、先进制造、量子信息、生物技术等 10 个领域成为未来关键科技研究领域，此外，《关键和新兴技术国家战略》（*Critical and Emerging Technologies*，CETs）还重新定义了 20 项关键和新兴技术。

美国在塑造未来产业全球竞争力上的主要做法如下。一是发挥政府投资引领带动作用。美国在 2020—2023 财年研发预算优先领域备忘录中，将人工智能、量子信息科学等未来产业作为国家科技发展的优先领域，通过大规模、长周期的政府投资加大支持力度。同时，善于把产业政策与促进私人企业承担风险的激励机制结合起来，鼓励采取公私合作的方式。二是强化新型基础设施建设支撑。《美国将主导未来产业》报告将人工智能、先进制造、量子信息技术、5G 通信四大关键技术领域作为美国新型基础设施建设的重点。比如，美国能源部提出实施"前路计划"（PathForward），设立"百亿亿次计算项目"，部署百亿亿次超级计算。《国家人工智能研发战略计划》（*The National Artificial Intelligence Research and Development Strategic Plan*）提出，开发人工智能共享数据集和测试环境平台，开放开源软件库和工具集等。三是提出创新未来产业研究组织架构。建议组建未来产业研究所，将全社会与产业创新相关的所有公共和私营部门作为核心合作伙伴，并促使其参与其中，通过跨越从基础研究到产品开发和推广创新全流程，形成一条将实验室科学发现转化为产业领域实际应用的清晰途径，进而实现国家和所有参与投资者的高效率回报。

德国：谋求未来产业竞争新优势

德国充分发挥本国和欧盟的双引擎作用，积极谋求未来产业全球竞争优势，在欧盟层面发布《促进繁荣的未来技术》（*Future Technology for Prosperity*）、《欧洲新工业战略》（*A New Industrial Strategy for Europe*）等战略文件的基础上，分别于 2019 年、2023 年出台《国家工业战略 2030》和《研究与创新未来战略》，突出强调发挥企业在未来产业发展中的主体作用。从其重点关注领域看，主要涵盖数字技术、绿色技术、生命健康、深空深海、气候保护、粮食安全等领域，通过依托数字技术、绿色技术、深海空天技术等拓展虚拟空间、生态空间和生存空间，同时继续保持其先进工业制造的全球竞争力。

德国在谋求未来产业竞争新优势上的主要做法如下。一是全面推动组织革新。成立战略前瞻规划部门，深入开发战略预见工具，及早发现产业发展潜力与机会，同时做好风险预测与挑战应对，形成清晰的产业引导方案。成立联邦颠覆性技术创新资助机构（SPRIND），以政府财政资金作为主要来源，通过举办创新竞赛，为颠覆性创新项目提供资助，以实现其运行目的。设立德国技术转移与创新机构（DATI），以更好地促进应用科学高校和中小型大学研究成果的顺利转化。搭建全国转移服务网络平台，加快促进知识转移转化。二是拓宽创新参与面。优化资助领域和跨学科资助方向，加大对社会创新的资助力度，鼓励公众参与创新交流、场景征集及咨询服务。比如，通过设立德国"未来基金"，为初创企业提供风险投资，提高企业研发投入的免税额度。三是制定灵活创新政策。比如，为重点领域的相关企业提供更优惠的税收支持和更廉价的能源供给，为前沿领域的技术创新试错创造包容友好的试验环境。

日本：以需求导向引领未来产业新发展

日本最早在 2016 年第 5 期《科学技术基本计划（2016—2020）》中就提出"社会 5.0"的概念，强调将网络空间与物理空间相结合，最大限度地应用现代通信技术，打造为人类带来更美好生活的"超智慧社会"。此后，日本先后出台《未来投资战略 2017：为实现"社会 5.0"的改革》《综合创新战略 2020》等战略规划，旨在依托社会需求创造应用场景，进而带动未来产业发展。2021 年，日本发布第 6 期《科学技术与创新基本计划（2021—2025）》，进一步强调以数字技术推动产业转型，强化 5G、超级计算机、量子技术等重点领域的研发。同时，还针对人工智能、生物技术、材料装备、健康医疗、宇宙、海洋、食品等制定了分项战略规划。

日本以需求导向引领未来产业新发展的主要做法如下。一是注重技术预见，开展前瞻布局。由产业界、学术界和政府专家组成的小组委员会研究确定科技主题，基于解决科学和社会问题、考虑科学技术领域整体发展平衡等原则，对每个集群的科技主题进行划分，进而不断迭代，最终提出对未来经济社会能够产生重大影响、承担新价值创造任务的科技领域。二是建立长期资金支持机制。通过运用政府的科学技术预算、促进产学研联合研究以及建立与世界、公共和私营部门相适应的基金，确保对"社会 5.0"基础科学研究的充分投资。同时，利用研发税收制度、SBIR（Small Business Innovation Research，小企业创新研究计划）制度、政府项目创新、促进研究成果公共采购等政策工具，积极引导民间投资，加快推动未来技术转化为产业。三是面向社会需求灵活培养多样化人才。树立终身教育理念，鼓励各大学根据自身特色和优势，探索面向所有年龄层的教育资源广泛共享方案。在东京大学、北海道大学等六所高校进行试点，面向全体学生开展人工智能通识教育，以培养适应未来新型社会的人才。

塑造中国未来产业发展新动能

塑造未来产业发展新动能要从前瞻布局着手，通过技术创新率先突破和现有产业主导技术"变轨"两种方式不断孕育新动能。要立足中国实际，充分激发新质生产力的巨大潜能，从科研经费支持机制、科研组织平台创新、未来技术有效转化、深化科技开放合作等方面持续发力，为构建良好的未来产业创新生态体系提供保障和支撑。

相对稳定的多元投入经费支持。未来产业培育既需要政府在基础研究环节提供科技研发经费专项支持，也需要科技型领军企业发挥创新主导作用并加大资金投入力度，更需要创业投资、天使投资、风险投资等长期耐心资本在从技术突破到试制改进的过程中进行相对稳定的跟投。探索建立基于不同阶段的差异化、多元化投入机制，其关键在于处理好创新、失败、容错、分担与回报反馈之间的关系，重视对未来技术和产业的长期战略投资。第一，强化政府长期稳定的领投机制。结合国家经济发展和财力水平，稳步提高对未来产业细分领域的投入支持力度，设立未来产业研究专项科技计划，部署前沿领域研究课题，支持高校院所、科研机构等创新主体积极参与国家重大专项、重点基础研究发展计划。第二，发挥政府产投基金的引导作用。建立政府与市场联动机制，可按照"风险共担、利益让渡"原则，针对原始创新阶段项目，对政府出资部分实行利益让渡政策，以鼓励社会资本参与早期原始创新投资，同时做到合理分摊技术创新风险。第三，适时设立专门面向未来科技的政策性银行，与商业性银行合作，专注于由技术成长到创新扩散阶段的未来产业市场主体的培育，同时积极对接相关创投机构，制定严格的项目筛选机制，有效规避高风险向系统外传导。

开放灵活的科技创新组织架构。前沿技术重大路线突破、颠覆性技术范式变轨高度契合未来产业对技术的需求，两种技术逐渐衍生为未来产业的主导技术，代表着未来技术的发展趋势，引领着相关领域的技术发展方向。因此，要结合中心化、去中心化、再中心化、非中心、极化等不同组织方式，推动不同创新主体之间的紧密合作，尤其是要加强科技变革的战略预见，对面向未来的生产生活方式及其需要进行关键技术预判，着力推动从基础研究、应用研究到未来技术商业化、产业化的全过程组织创新，加速汇聚多元科技创新平台。第一，积极组建国家未来产业技术创新中心。重点围绕共性技术、前沿技术和关键核心技术，深化高校、科研院所与科技型领军企业之间的合作，同时，可通过设立联合实验室的方式，实现技术创新产业上下游的深度对接，打造未来产业"产学研用"升级版，使之真正成为直面市场需求的技术策源地。第二，探索建立"科学家＋企业家"协同攻关机制。结合国家战略科技力量部署，建设适应大科学时代的科研基础平台，进一步强化有组织的前沿交叉融合和颠覆性技术突破研究。第三，加快布局应用支撑型重大科技基础设施。强化项目建设在国家层面的统筹规划和顶层设计，开展有组织科研和多设施、多主体的协作探究，更好发挥重大科技基础设施建设的溢出效应，从而推动未来技术的转化和工程化。

场景驱动的产业孵化合作。如前所述，应用需求方在未来产业创新生态系统中具有特殊作用，其市场潜力和预期在某种程度上决定着未来技术转化的成败。推动未来技术有效转化，离不开基于实际需求的多场景应用，关键在于多元导向、专业运营。概念验证中心、场景促进中心将成为未来产业孵化的新载体，这是在传统孵化器、加速器、大学科技园等科技成果转化载体基础上的模式创新。一方面，要积极引入专业第三方机构，搭建"科技成果转化运营平台"，不断提升成果评价、竞争情报、知识产权、法律咨询等专业服务能力。同时鼓励有条件的高校和科研院所成立专业化科技成果转化供给平台，探索建立以基础研究为支撑、以企业需求为导向的未来科技成果转化机构，提供试错迭代的创新链，通过原型制造、稳定性分析、二次开发等方式助推市场对新技术路线的选择。另一方面，以"为技术找场景、为场景找市场"为导向，探索构建"早期验证—融合试验—综合推广"的场景应用创新体系。通过场景驱动跨界合作，推动"小节点—大协同"合作向纵深推进。还要建立从立项阶段就将应用方纳入整个项目研发过程的研发机制和"边孵化边调整"的市场引导机制，确保科学研究与需求紧密结合。

面向全球的未来科技合作交流。国际科技合作的关键是集聚全球创新资源、融入全球创新网络。要想在未来产业全球竞争中处于领先地位，就必须以开放包容的姿态深化国际合作交流，及时了解前沿技术的最新研究动态、颠覆性技术的变革进程，加快建设世界主要科学中心和创新高地，推动国内科技管理制度与高标准国际规则对接，探索稳定有效的国际科技创新治理机制。第一，积极参与国际大科学计划，在深化科技合作和应对挑战的过程中不断扩大共同利益基础。鼓励国际创新团队承接国家重大科技任务、解决重大科学问题，产出世界级原创性研究成果。第二，聚焦全人类共同关注的可持续发展重大议题，通过构建未来产业全球网络，进一步整合国际科技组织和顶尖科学家资源，逐步实现从项目配置资源向以人才促合作的转变。第三，支持有条件的企业在海外设立硬科技孵化平台，搭建科技研发型境外经贸合作区和海外人才飞地，开展跨境孵化服务，加强联动协同发展。

延伸阅读·杭州实践

在未来产业领域，杭州推动创新驱动和产业集聚，积极布局未来产业，力求在全球竞争中抢占先机。

2024年12月30日，杭州市人民政府印发《杭州市未来产业培育行动计划（2025—2026年）》，重点聚焦通用人工智能、低空经济、人形机器人、类脑智能和合成生物等五大风口产业。计划到2026年底，力争建成10个未来产业创新联合体，培育500家高新技术企业，并构建"5＋X"产业体系。主要任务包括：构建"源头创新＋应用研究＋产品实现＋场景应用"的未来产业培育体系，实施"创新策源、企业培育、先导集聚、场景试点、要素保障"五大工程，推动创新资源向未来产业集聚。

杭州高度重视前沿技术的研发与应用。以人工智能为例，杭州汇聚众多科研机构与企业，共同开展技术攻关。在电商、物流、医疗等多个领域，人工智能技术得到广泛应用，极大提升了行业效率与服务质量。例如，电商平台借助人工智能实现精准营销，物流企业利用智能算法优化配送路线。

在产业培育方面，杭州构建起完善的创新生态系统。政府出台一系列扶持政策，鼓励企业加大研发投入，吸引大量科技领军型企业入驻。

同时，积极搭建各类创新平台，促进产学研深度融合。如杭州的一些高校与企业联合建立实验室，针对未来产业的关键技术开展协同研究，加速科技成果转化。

杭州还注重人才的引进与培养。通过提供优厚的待遇和良好的发展环境，吸引大量优秀人才投身未来产业。在高校教育中，加强相关专业建设，培养适应未来产业需求的专业人才。积极组织各类人才交流活动，促进人才之间的思想碰撞与经验分享。

面向产业未来，杭州重视前沿技术研发，构建创新生态系统，培养专业创新人才，强调做强战略性新兴产业创新引擎，助力未来产业突破"黎明前的黑夜"，为传统产业插上科技的翅膀，相关做法值得各地参考。不同城市可结合自身实际情况，制定适合本地区的未来产业培育策略，在未来产业竞争中实现突破式发展。

附录一

杭州市未来产业培育行动计划（2025—2026 年）

为深入贯彻国家和省"十四五"国民经济和社会发展规划纲要，加快培育发展未来产业，根据《工业和信息化部等七部门关于推动未来产业创新发展的实施意见》（工信部联科〔2024〕12 号）、《浙江省人民政府办公厅关于培育发展未来产业的指导意见》（浙政办发〔2023〕9 号）等文件精神，制定本行动计划。

一、总体要求

以习近平新时代中国特色社会主义思想为指导，深入贯彻党的二十大和二十届三中全会精神，全面落实省委十五届六次全会及市委十三届八次全会部署要求，加快未来产业布局，以"需求导向、前瞻布局、创新驱动、应用牵引"为原则，围绕五大风口潜力产业以及 X 个前沿领域，积极抢占产业新领域新赛道，创建若干个国家级、省级、市级未来产业先导区，构建"5 + X"未来产业培育体系。建成核心技术源头供给的创新高地。到 2026 年底，培育建成未来产业创新联合体 10 个左右，打造企业技术中心 100 家左右，攻关关键技术、核心部件和高端产品 100 个左右。做强未来产业集群的关键引擎。到 2026 年底，争创若干个国家级、省级未来产业先导区，建成市级未来产业先导区 10 个以上。发展生态主导型企业 10 家左右，培育高新技术企业 500 家左右。形成多领域深度融合应用的赋能格局。到 2026 年底，打造未来社会示范样本 10 个，打造典型应用场景 100 项。打造要素集聚、开放活跃的产业生态。到 2026 年底，未来产业培育基金体系基本完善，落成一批未来产业合作交流平台。

二、重点领域

发挥杭州数字经济产业优势，围绕五大产业生态圈建设，优先推动通用人工智能、低空经济、人形机器人、类脑智能、合成生物等五大风口潜力产业快速成长，积极谋划布局前沿领域产业。

（一）五大风口潜力产业

1. 通用人工智能。加快夯实大模型、智能算力集群、高质量数据集等核心基础，聚焦模型应用，突破跨媒体感知、自主无人决策、群体智能构建等关键技术。

2. 低空经济。完善低空基础设施，加快固定翼/多旋翼无人机、无人直升机、电动垂直起降飞行器等整机研发，研发主控芯片、三电系统、机载传感器等关键零部件和飞行控制、低空反制、通信导航、管服平台等核心系统。

3. 人形机器人。加快仿生感知认知、生机电融合、视觉导航、机器脑智能控制等的技术研究与系统集成，重点研发消费级、工业级和服务级高性能人形机器人等产品。

4. 类脑智能。加快脑感知认知、神经网络结构与功能等关键技术的突破，推进类脑芯片、类脑计算机、脑机接口等技术的产业化落地。

5. 合成生物。加快基因编辑、蛋白质设计、仿生及分子靶向医药、干细胞与再生医学和高通量多组学筛选等技术的研发及产业化。

（二）X个前沿领域产业

加强研判未来信息、未来材料、未来能源、未来空间等产业的发展趋势，积极跟踪元宇宙、未来网络、量子科技、先进能源、前沿新材料、商业航天、无人驾驶等前沿领域产业的发展。

三、主要任务

构建"源头创新＋应用研究＋产品实现＋场景应用"的未来产业培育体系，实施"创新策源、企业培育、先导集聚、场景试点、要素保障"五大工程，推动创新资源向未来产业集聚。

（一）原始创新策源工程

1. 源头创新供给行动。组织开展前沿导向的探索性基础研究，夯实"国家级省级实验室＋制造业创新中心＋技术创新中心"的创新策源基础，加强基础科学、前沿技术、应用场景之间的交叉融合，提升"从0到1"的原始创新能力。支持浙江大学、西湖大学、之江实验室等高校、科研院所和重大创新平台自主布局未来产业的基础研究，催生颠覆性的技术和产品。

2. 科技创新攻关行动。聚焦"5＋X"未来产业重点领域，以"抢占未来产业制高点"为目标，系统凝练重大攻关任务，支持产业链龙头企业联合高校和科研院所实施关键核心技术攻关。支持省级制造业创新中心加强未来产业领域关键共性技术攻关，在人形机器人、类脑智能、合成生物等细分赛道创建市级制造业创新中心。

3. 创新载体建设行动。加强指导市级概念验证中心建设，强化未来产业原创技术概念验证。鼓励企业积极申报创建省、市级研发机构，不断提升未来产业核心竞争力。支持有条件的龙头企业、高校、科研院所和新型研发机构等建设中试基地。

（二）企业孵化培育工程

4. 领军企业引领行动。创新招引方式，吸引未来产业领域企业总部、研发中心和产业创新中心等落户杭州。积极布局未来产业，发挥鲲鹏企业、链主企业带动作用，支持单项冠军企业、专精特新"小巨人"企业、独角兽企业等研发新兴技术和开拓市场。深入实施"凤凰行动"，动态挖掘市内未来产业企业并将其纳入上市培育对象。

5. "高成长性"企业引育行动。支持新势力企业等"高成长性"企业主动对接未来产业龙头企业、链主企业需求，研发专精尖配套产品。加大对"高成长性"企业在平台建设运营、技术攻关应用等方面的支持力度，精准服务企业发展需求，支持其加快成长为领军企业。

6. 初创小微企业孵化行动。聚焦科技型中小企业，将未来产业作为优先孵化培育领域，提升孵育精准度。加大对中小微企业的支持力度，向符合条件的中小微企业发放服务券，降低企业创业创新和转型提升成本，激发企业创新动能。

（三）产业先导集聚工程

7. 产业先导区引领行动。坚持全市统筹、差异发展，鼓励区、县（市）发挥自身优势，针对重点领域谋划布局。支持以人工智能、类脑智能领域为研究重点的杭州城西科创大走廊等创新策源地创建国家未来产业先导区。扎实推进人工智能、未来网络、元宇宙、合成生物、人形机器人、类脑智能、商业航天等省级未来产业先导区的培育创建，积极争取财政激励支持。有序布局市级未来产业先导区发展，力争在10个区、县（市）布局市级以上未来产业先导区。

8. 产业科技园建设行动。实施空间布局优化工程，完善环大学、环重大科创平台创新生态圈建设机制，依托浙江大学国家大学科技园、西湖大学科技园等平台建设未来产业科技园，探索"学科＋产业"创新模式，培育发展未来产业。发挥省级以上开发区（园区）产业支撑作用，加强与高校、科研院所或领军企业的协同，以前沿技术研发为方向建设未来产业科技园，提升专业化科技成果和前沿技术孵化能力。

9. 基础设施强基行动。重点布局多元技术融合的先进算力中心，分步建设市级多云算力调度平台，形成异构融合、算网协同、绿色低碳的算力支撑体系。以浙江新型算力中心建设为牵引，推进优质算力服务未来产业重点领域，提升算力利用效能。加快建设数场、数据空间、数联网、隐私计算和区块链等国家数据基础设施试点，打造国家数据基础设施样板。

（四）场景开放试点工程

10. 未来场景建构行动。面向未来生产生活方式，打造未来技术应用和未来产业融合实验场，建设标杆示范场景。发挥杭州丰富的城市场景资源优势，构建"早期验证—融合试验—综合推广"的场景应用创新体系，以先行试验、融合应用助力技术转化和产品开发。通过"幸会·杭州"平台定期发布未来场景清单，精准开展供需对接。

11. 创新成果推广行动。针对应用场景明确、短期有望产业化的未来产业方向，鼓励有条件的区域打造应用标杆示范，加快形成具有商业价值的示范产品和可复制推广的标杆解决方案。完善市场需求对接机制，在全球数字贸易博览会、云栖大会等国际性平台展示成果，推广"车路云一体化"应用试点、空间智治平台等综合性和行业类融合应用场景，加快推动创新成果实现商业价值。

（五）要素支撑保障工程

12. 人才队伍引培行动。强化智力要素保障，加强招引未来产业领域全球顶尖人才、科研团队和创新型企业，探索建立"科学家＋企业家＋投资家"的协同创新、成果转化和产业孵化机制。实施"卓越工程师教育培养计划"，培养创新能力强、适应经济社会发展需要的高质量工程技术人才。

13. 专项基金赋能行动。统筹资金要素保障，发挥"3＋N"杭州产业基金集群投资的引导作用，建立覆盖种子期投资、天使投资、风险投资和并购重组投资的未来产业培育基金体系。加强成果转化资金保障，探索"大胆资本""耐心资本"，完善政府投资基金考核、容错免责机制。

14. 开放合作提升行动。聚焦重大活动保障，搭建未来产业合作交流平台。举办国际性未来产业论坛、大会以及"创客中国"中小企业创新创业大赛等各类赛事，营造以赛引才、项目引才的良好氛围。支持设立未来产业领域国际合作组织和平台，促进全球范围内的合作与交流。

四、保障措施

建立健全市级层面未来产业推进调度工作机制，全面统筹协调我市未来产业培育工作，协调解决产业发展和工作推进中的重大问题，加强部门协同，指导各区、县（市）开展相关工作。充分发挥省、市各类专项资金的引导作用，引导项目、资金、人才等各类资源要素向未来产业集聚。针对重点领域出台市级支持政策，鼓励区、县（市）出台针对未来产业细分赛道的支持政策。跟踪全球前沿技术发展趋势和产业化动向，动态更新未来产业重点培育领域，持续提升未来产业发展动能。梳理未来产业工作清单，做好未来产业动态监测、评估和调整。营造包容、审慎的发展环境，适当放宽新兴领域产品和服务市场的准入条件。优先在未来产业先导区开展数据等资源要素的市场化配置试点，提升对场景建设及应用创新的支持力度。加强对未来产业知识产权的保护，鼓励制定未来产业领域标准。大力营造鼓励创新、尊重人才、尊重创造的社会氛围与创新文化。深入开展科普教育，引导更多青少年了解并投身未来产业，为未来产业的可持续发展奠定人才基础。

本行动计划自 2025 年 1 月 31 日起施行，有效期至 2026 年 12 月 31 日，由市经信局负责牵头组织实施。前发《杭州市人民政府关于加快推动杭州未来产业发展的指导意见》（杭政〔2017〕66 号）自本行动计划施行之日起同时废止。

结　语
新质中国的城市样本

　　杭州在城市创新和新质生产力发展方面的探索与实践，已经展现出未来经济社会发展的新范式和新路径。面向未来，通过产业融合、规则输出和生态发展等多方面创新实践，杭州为自身发展注入强大动力，也为中国乃至全球新质生产力的发展提供宝贵的经验与启示。在未来发展中，应充分借鉴杭州等地的创新经验，积极探索适合自身发展的新质生产力发展模式，推动经济社会实现高质量、可持续发展。

从全球范围来看，新一轮科技革命和产业变革正在重塑世界经济格局，新质生产力成为各国竞争的核心领域。人工智能、大数据、云计算、物联网等新兴技术的迅猛发展，在催生一系列新兴产业的同时，也为传统产业的转型升级提供强大动力。新质生产力的兴起，深刻改变了经济增长方式、产业结构以及社会生活的方方面面，成为各国实现可持续发展、提升国际竞争力的必由之路。

作为中国经济发展的前沿阵地和创新之都，杭州在发展新质生产力方面进行了积极而独特的探索与实践。凭借其深厚的创新底蕴、完善的产业生态和优越的政策环境，杭州在新质生产力的多个领域取得了显著成就，形成了一系列具有杭州特色的发展模式和经验，为中国乃至全球新质生产力的发展提供宝贵借鉴与重要启示。

一

启示之一：市场是创新资源配置的"无形之手"，要尊重市场规律。

在杭州新质生产力发展进程中，市场作为创新资源配置的"无形之手"，发挥着基础性的关键作用。回顾杭州的发展历程，在经济转型升级的关键节点，正是因为尊重市场的选择，杭州果断放弃了发展重化工业的传统路径，转而拥抱新一波科技浪潮，大力鼓励发展电子商务和"互联网＋"产业，才为阿里巴巴、海康威视等行业巨头的崛起创造了有利条件。

21世纪初，杭州经济发展进入转型期，原本计划从轻工业转向重化工业，这也是当时世界上后起国家发展的常见路径，日本、韩国等便是如此。宁波凭借其独特的港口优势，明确选择发展重化工业及制造业。然而，杭州并不具备这样的条件。在此关键时刻，杭州市委、市政府充分尊重专家学者的意见，尤其是尊重民营经济自身的选择，顺应市场趋势，抓住了新一波科技浪潮带来的机遇，积极鼓励发展各种各样的"互联网＋"产业。

随着区域空间战略的转换，杭州进一步完善城市功能，显著提升了集聚各类生产要素的能力。2003年7月，浙江省委提出"八八战略"，其中第一条就是要进一步发挥浙江作为民营经济大省的体制机制优势，同时提出浙江的经济发展要实现新型城市化和新型工业化的互动。此后，杭州市率先完成空间战略转变，经济发展重心从强县战略转向都市战略，通过撤县（市）建区，扩大了主城区规模，拉开了城市框架，改进了基础设施，丰富了城市功能，极大地增强了集聚新生产要素的能力。在这一过程中，人才、技术、资本等创新要素在自由竞争的环境中加速流动，为新质生产力的发展奠定了坚实基础。

以数字经济为例，杭州并没有预先设定数字经济的具体发展路径和模式，而是通过提供优惠政策、完善基础设施、培育创新人才等举措，吸引了大量数字经济企业和创业者。电子商务平台的崛起，带动了电商物流、金融科技等一系列相关产业协同发展，构建起完整的数字经济产业链。在这个过程中，政府主要起到引导和支持的作用，营造公平竞争的市场环境，提供必要的公共服务，让市场机制在资源配置中发挥决定性作用。众多创业企业在这种开放的生态环境中自由竞争、创新发展，催生了一大批具有创新性的数字经济企业和商业模式。

又如在人工智能领域，DeepSeek 等创业公司的涌现，正是市场机制下创新活力的生动体现。这些公司在市场的驱动下，凭借敏锐的市场洞察力和创新精神，在人工智能的前沿领域不断探索，取得了令人瞩目的成果。这充分表明，只有持续尊重市场规律，让市场在资源配置中发挥决定性作用，杭州新质生产力的创新成果才能源源不断地涌现，并在激烈的市场竞争中经受住考验，进而形成可持续的创新发展动力。

二

启示之二：民营经济是经济活力的源头活水，要促进民营经济发展。

民营经济始终是杭州经济活力的源头活水，在新质生产力领域更是如此。浙江是民营经济大省，杭州借助有效市场和有为政府的良性互动，为民营经济的发展营造了优良环境。

早期，杭州的民营经济主要集中在轻工业领域，以小微企业和中小企业为主，多处于劳动密集型、低附加值的发展阶段。但随着产业转型升级的推进，民营企业积极顺应市场需求，勇敢涉足新兴领域。在人工智能、机器人、大数据等新质生产力相关领域，众多民营企业凭借其灵活的机制和强烈的创新意识，迅速抢占先机。

云深处科技作为四足机器人领域的头部企业，其创始人朱秋国是从浙江大学走出的"两栖型"创业者，公司在发展过程中受益于杭州良好的营商环境。杭州拥有众多像云深处科技这样的民营科技企业，在新质生产力的发展中发挥着重要作用。据杭州市科技局数据，2024 年认定的国家级科技型中小企业有 4 253 家，省级科技型中小企业 34 677 家，国家高新技术企业数量从 2017 年底的 2 844 家增加到 2024 年的 1.6 万家，增长了 5.7 倍。这些数据充分显示了杭州民营经济在新质生产力领域的强大活力和发展潜力。

为进一步推动民营经济在新质生产力领域的发展，包括杭州在内的城市应持续发力。在公平准入方面，打破各种不合理的市场壁垒，让民营企业能够平等参与新质生产力相关产业的竞争；在要素支持上，在资金、技术、人才等方面加大对民营企业的支持力度，解决民营企业发展的后顾之忧；在法治保障层面，完善相关法律法规，切实保护民营企业的合法权益；在优化服务方面，进一步提升政府服务效能，为民营企业提供更加便捷、高效的服务。当民营企业能够在新质生产力领域充分施展拳脚时，必将带来源源不断的创新活力，推动城市在新质生产力领域迈向更高台阶。

三

启示之三：企业家精神是驱动民营经济的核心动力，要激发企业家精神。

企业家精神是驱动民营经济在新质生产力浪潮中奋勇前行的核心动力。杭州拥有深厚的商业文化底蕴，从历史上的永嘉学派、浙东学派倡导的义利并重观念，到如今在改革开放浪潮中培育出的一代又一代优秀企业家，这种精神得以传承和发扬。

这些企业家在自身发展过程中大胆探索，勇于突破传统的产业与市场边界，积极响应国家重大战略，为城市经济创新发展树立榜样。从电子商务、互联网等领域的创新实践，到安防产业、人工智能等领域的迭代更新，不仅实现了自身的快速壮大，还改变了民营经济的活动边界，使之能够在国家重大战略中发挥更加重要的作用。

从以宗庆后为代表的实业家，到梁文锋等新一代创业者，他们身上所展现出的创新与突破、承担风险、整合资源、坚持长期主义、承担社会责任等企业家精神特质，激励着更多人投身于新质生产力的创新与创业。例如，DeepSeek 团队在人工智能大模型领域取得重要突破，展现出强大的创新能力和勇于挑战的精神。

作为城市，应进一步激发并大力弘扬企业家精神，对在新质生产力发展中作出突出贡献的企业家给予表彰奖励，通过树立标杆，营造浓厚的创新创业氛围。同时，应提供更加完善的政策支持，为企业家创造更加宽松的发展环境，让更多的企业家在政策的支持与呵护下，充分施展自身的才华与抱负，大胆创新、勇于突破，为新质生产力发展注入强大精神动力。

四

与传统的产业规划政策模式不同，杭州在产业发展和城市建设过程中，积极探索并践行一种类似于热带雨林的创新生态发展理念，通过营造开放、包容的生态环境，激发市场主体的创新活力和创造力，实现经济社会的繁荣发展。

在产业发展方面，杭州并没有对特定产业进行过度的规划和干预，而是致力于打造良好的产业生态。以数字经济为例，杭州并没有预先设定数字经济的具体发展路径和模式，而是通过提供优惠政策、完善基础设施、培育创新人才等方式，吸引大量的数字经济企业和创业者，以电子商务平台为龙头形成完整的数字经济产业链。在这个过程中，政府只是起到引导和支持的作用，为企业提供公平竞争的市场环境和必要的公共服务，让市场机制在资源配置中发挥决定性作用。众多的创业企业在这个开放的生态环境中自由竞争、创新发展，涌现出一大批具有创新性的数字经济企业和商业模式。

在城市建设方面，杭州注重保护和利用自然生态环境，打造宜居宜业的城市空间。以西湖和西溪湿地的保护与开发为例，杭州没有进行大规模的商业开发和过度的城市建设，而是遵循生态优先的原则，对西湖和西溪湿地进行生态修复和保护，同时合理开发旅游资源，打造文化休闲产业。通过这种方式，保护城市的生态环境，提升城市的品质和吸引力，带动周边地区的经济发展。西湖和西溪湿地周边形成了一系列以文化旅游、休闲娱乐、创意设计等为主的产业集群，成为城市经济发展的新亮点。

杭州还积极推动创新创业生态系统的建设，为创业者提供丰富的资源和支持。杭州拥有众多的高校、科研机构和创新平台，如浙江大学、西湖大学、之江实验室等，这些机构为创新创业提供了强大的智力支持和技术保障。同时，杭州还建立了完善的创业服务体系，提供创业孵化、投资融资、知识产权保护等服务，为创业者消除后顾之忧。在杭州，创业者可以轻松地获取创业所需的资金、技术、人才等资源，激发全社会的创新创业热情。

如果将这种城市创新实践提炼并上升为一种范式意义上的概念，我想称之为"生态化繁荣"。其蕴含着深刻的生态智慧和哲学思考，可以为各地发展新质生产力提供宝贵的启示。

从哲学角度来看，"生态化繁荣"背后体现的是对自然规律和市场规律的基本尊重。市场与自然界一样，具有自身的发展规律，过度的人为干预和精准规划往往会违背这些规律，导致发展的失衡和不可持续。正如老子所说："人法地，地法天，天法道，道法自然。"在经济发展中，应当顺应市场规律及其发展趋势，让市场机制在资源配置中发挥主导作用，政府则应扮演引导和服务的角色，为市场主体创造良好的发展环境。正如新兴经济模式在杭州出现时，城市政府不是立即进行严格管制和规划，而是先观察其发展态势，鼓励创新和探索，在新经济发展过程中发现问题时，再通过制定合理的政策进行规范和引导，使其健康发展。

这种"生态化繁荣"的实践，催生了多元共生的发展格局。在开放、包容的生态环境中，不同类型的企业、创业者和创新要素能够相互交流、合作和竞争，形成多元共生的生态系统。这种多元共生的格局有利于激发创新活力，提高整个生态系统的适应性和稳定性。在杭州的数字经济生态系统中，既有阿里巴巴、网易等大型互联网企业，也有众多的创业型中小企业；既有技术研发型企业，也有服务型企业和应用创新型企业。这些企业在相互竞争的同时，也相互合作，形成协同创新的良好氛围。大型企业的技术和资源能够为中小企业提供支持，中小企业的创新活力也为大型企业带来新的思路和发展动力。

此外，"生态化繁荣"还强调人的主观能动性与客观规律的有机结合。尽管要以尊重自然规律和市场规律为前提，但这并不意味着人在发展过程中无所作为。相反，人可以通过发挥主观能动性，创造有利于发展的条件，促进经济社会繁荣。在杭州，政府通过制定优惠政策、建设创新平台、培育创新人才等措施，为市场主体提供良好的发展环境，激发市场主体的创新活力和创造力。这种将人的主观能动性与客观规律相结合的发展理念，为经济社会可持续发展提供了有力保障。

五

基于杭州实践与哲学反思，未来城市创新和经济社会发展应遵循"生态化繁荣"的范式逻辑，充分尊重市场规律，有力促进民营经济发展，持续激发企业家精神，实现可持续创新发展。在宏观层面，政府应制定科学合理的战略规划，明确发展的方向和目标，为经济社会发展提供指引。要制定国家层面的科技创新战略规划，明确重点发展的科技领域和创新方向，引导资源向这些领域集聚。但在微观层面，应给予市场主体更多的自主空间，让市场机制在资源配置中发挥决定性作用。在具体的产业发展和企业创新活动中，政府应减少不必要的干预，鼓励企业根据市场需求和自身实际情况，自主选择发展路径和创新模式。

未来发展也应更加注重生态环境保护和社会公平正义。在追求经济增长的同时，要充分考虑生态环境的承载能力，实现经济发展与生态环境保护的良性互动。要关注社会公平正义，缩小城乡差距、贫富差距，让发展成果惠及全体人民。在城市建设中，应注重生态空间的保护和建设，打造绿色、宜居的城市环境；在产业发展中，应鼓励发展绿色产业和循环经济，推动经济的绿色转型；在社会政策方面，应加大对教育、医疗、社会保障等领域的投入，提高公共服务水平，促进社会公平。

与此同时，未来经济社会发展还需要加强国际合作与交流。全球化仍然势不可挡，各国之间的经济联系日益紧密，任何一个国家都难以独自应对全球性的挑战和机遇。要通过加强国际合作，共享资源和技术，共同应对全球性问题，实现互利共赢的发展。在科技创新领域，各国可以加强科研合作，共同攻克全球性的科技难题；在贸易领域，应推动自由贸易，加强国际市场的互联互通，促进全球经济的繁荣发展。

杭州在城市创新和新质生产力发展方面的探索与实践，已经展现出未来经济社会发展的新范式和新路径。面向未来，通过产业融合、规则输出和生态发展等多方面创新实践，杭州为自身发展注入强大动力，也为中国乃至全球新质生产力的发展提供宝贵的经验与启示。在未来发展中，应充分借鉴杭州等地的创新经验，积极探索适合自身发展的新质生产力发展模式，推动经济社会实现高质量、可持续发展。

后 记

当今世界，已进入一个全球格局深度调整、科技创新引领发展的时代。"硬核创新"成为一个城市、一个国家乃至整个世界前行的关键驱动力。

硬核创新是指通过核心技术突破实现的高壁垒、高价值创新，其本质特征包括技术原创性、产业颠覆性和价值转化力，既强调技术攻坚的硬核属性，也包含商业模式重构的创新维度，最终需实现从实验室到产业化的价值闭环。

在这方面，杭州称得上是一鸣惊人，成为硬核创新的典范城市。我也有幸在十多年来的研究与实践中，跟这座城市结下了不解之缘，并将自己这些年对硬核创新的观察与思考，汇聚于眼前的《硬核创新：为什么是杭州》这本书中。

一

在"新经济"维度上，我和杭州的首次交集是在 17 年前——2008 年 8 月初。

当时的我，一个月前才就任国务院发展研究中心主管的《新经济导刊》主编，便受邀来到杭州，在浙江省人民大会堂出席了由 APEC 工商咨询理事会、中国国际贸易促进委员会、杭州市人民政府和阿里巴巴集团联合主办的"第二届 APEC 工商咨询理事会亚太中小企业峰会"。

互联网和电子商务是当时风头正劲的新经济，杭州在这方面已经崭露头角。这次峰会更让我们看到了杭州在推动中小企业发展、促进国际经济交流合作等方面的积极作为与广阔前景。而仅在一个月后，阿里巴巴就确定了云计算和大数据战略，并于第二年成立了阿里云。这一具有里程碑意义的事件，如同点燃了一把火炬，打开了电子商务向数字经济裂变式发展的新天地。

此后十多年里，杭州依托数字经济的蓬勃发展，一路高歌猛进，在科技创新、产业升级、城市治理等诸多方面都取得令人瞩目的成就。正因如此，杭州成为我们研究和观察中国新经济的一扇重要窗口。

得以见证，一座城市如何凭借敏锐洞察力和果敢行动力，抓住数字经济发展的历史性机遇，实现传统产业大市向数字经济强市的华丽转身；

得以见证，一座城市如何通过政策引导、平台搭建、人才汇聚等一系列举措，营造出良好的创新创业生态，让无数怀揣梦想的创业者在这里找到实现自我价值的舞台；

得以见证，一座城市如何将科技创新与城市发展深度融合，打造出智慧交通、智慧医疗、智慧政务等一系列惠及民生的应用场景，让城市治理变得更加高效、便捷、智能……

2023年10月，我应邀兼任浙江财经大学浙商资本市场研究院（简称"浙资院"）特聘教授，更进一步与杭州产生了关联。浙资院，也就是成立于2022年9月的浙商资本市场研究院，作为一家浙商证券与浙江财经大学共建的特色研究院，由长江学者特聘教授、浙江省特级专家李永友教授担任院长。

很快，我和杭州之间又有了新的交集。这个交集，就是被誉为"中国斯坦福"的浙江大学。在今天我们津津乐道的"杭州六小龙"中，DeepSeek、云深处科技和群核科技这三家企业的创始人，均毕业于浙大。

2024年6月29日，我受邀出席由浙江大学中国数字贸易研究院主办，浙江大学国际商务研究所、浙江大学开放型经济与发展优势特色学科承办的

"新一轮科技革命、学科交叉融合发展与自主知识体系构建"学术研讨会暨中国数字贸易研究院成立九周年庆典，并获聘为浙江大学中国数字贸易研究院研究员。

这一经历，让我有机会更深入地了解浙江大学在数字贸易等领域的前沿研究成果，并参与其中；也让我对杭州高等教育与科技创新、产业创新协同发展有了更深刻的认识。

而距此九年前（2015 年）的 6 月，同样是在浙江省人民大会堂，浙江省政府召开中国（杭州）跨境电子商务综合试验区建设推进大会，时任浙江省省长（现任国务院总理）李强亲自为浙江大学中国数字贸易研究院的前身"浙江大学中国（杭州）跨境电子商务综合试验区研究院"授牌。

从那时起，浙江大学积极投身于杭州跨境电商及数字贸易的发展浪潮中，为后续产业升级和今天的硬核科技发展提供了强有力的智力支持与人才保障。

二

这座充满魅力与活力的城市，有着独特而迷人的气质。

它既有深厚的历史文化底蕴，如同一本厚重的史书，每一页都写满了故事；又有敢为人先的创新精神，恰似一艘勇往直前的帆船，在时代的浪潮中破浪前行。

杭州的历史文化，是其发展的根基。从良渚文化的古老神秘，到吴越国的繁华昌盛，再到南宋时期的文化鼎盛，杭州历经千年风雨，沉淀了丰富的文化遗产。西湖、京杭大运河等世界文化遗产，宛如一颗颗璀璨的明珠，镶嵌在杭州这片土地上，散发着迷人的光彩。

这些不仅是杭州的文化名片，更是中华民族优秀传统文化的杰出代表。杭州的诗词文化、书画文化、丝绸文化、茶文化等，同样源远流长、博大精深。从古至今，无数文人墨客在此留下了脍炙人口的佳作，为杭州增添了浓郁的人文气息。

创新精神则是杭州不断发展的动力源泉。在数字经济时代，杭州勇立潮头，率先布局，成为全球数字经济发展的高地。一批互联网企业在这里诞生、成长、壮大，引领了中国乃至全球电子商务、云计算、大数据、人工智能等领域的发展潮流。

创业者们怀揣着梦想与激情，敢于突破传统，勇于尝试新事物，在创新创业的道路上不断探索前行。政府部门也积极营造宽松包容的创新环境，出台一系列优惠政策，鼓励企业加大研发投入，支持创新创业项目发展。这种政府与企业、社会各界共同推动创新的良好氛围，让杭州的创新活力源源不断。

城市气质还体现在开放包容上。杭州张开双臂，欢迎来自五湖四海的人才和企业。在这里，不同地域、不同文化背景的人们相互交流、相互融合、共同创造。无论是国内优秀人才，还是国外高端人才，都能在这里找到施展才华的空间。众多国际知名企业纷纷前来设立分支机构或研发中心，与本土企业开展深度合作，共同推动产业升级和技术创新。

开放包容的城市气质，使之成为一个充满吸引力的国际大都市，汇聚全球资源与智慧。

三

本书叙事框架相对清晰，围绕城市硬核创新发展，从多个维度剖析其背后的逻辑与启示。

序章"软环境，硬创新"，以美国科学家贝尔的名言引入，阐述杭州在科技创新领域的独特发展路径。杭州虽无深厚的工业根基和政策特权，却从

"电商之都"成功转型为"硬核创新策源地"，孕育出"杭州六小龙"等科技新贵企业群。深入解析杭州模式，发现其通过软环境建设和硬科技创新实现跨越式发展。制度供给者角色进化，构建稳固制度基座；民营经济蓬勃生长，铸就创新基因；产学研用融合生态，解开科技成果转化难题；创新文化代际传承，赋予城市精神势能；资本与技术完美共舞，优化资源配置。杭州的发展超越了单个城市转型升级范畴，预示着中国创新范式的重大战略转折。

上篇"管窥营商环境"，聚焦杭州营商环境与政策供给，展现其柔性制度设计与硬核技术需求协同共进的特点。在柔性治理的生态根基方面，杭州凭借政策红利实现从"政策洼地"向"创新高地"的转变，通过营商护航优化市场土壤，借助社会资本为创新文化注入活力。在制度创新的破局思维上，通过数智创变推动产业生态与场景变革，以"三个15%"注入创新动能，用"安心宝"呵护硬科技企业。在硬核创新的共生网络中，数字与空间双重革命为创新提供强大支撑，企业在全球竞合中展现技术自主与生态协同，创新生态呈现雨林般的可持续性。

中篇"理解创新驱动"，跳出杭州视域剖析创新驱动内涵，解读城市在新质生产力与双循环、科创引领与数智赋能、"两创融合"协同开放等方面的理论与实践。正如杭州在新质生产力与双循环中凭借独特创新生态孕育"六小龙"一样，要探索新质生产力与双循环战略，为城市发展提供新引擎。在科创引领与数智赋能方面，要推进新基建与新消费同频共振，构建有利于创新的综合生态系统，促进科技产业金融相结合。在"两创融合"协同开放上，应紧跟时代需求实施创新驱动发展战略，以科技创新引领产业创新模式演进，但也会面临成果供需不匹配等堵点，需以高水平科技自立自强为支撑。

下篇"谋势产业未来"，站在全局视角探讨智能时代技术元素、低空经济发展以及未来产业创新生态，为城市未来产业发展提供思路。在智能时代的技术元素部分，阐述"战略母产业"的多功能，分析大模型如何驱动数字经济新变革，以及自动驾驶技术对未来城市的重塑，呼应杭州在智能技术领域的领先实践。在低空经济的未来空间中，强调其作为高质量发展"新增长引擎"的价值，介绍"四力整合"助推低空经济发展模式，对应杭州在低空经济领域的积极探索与成果。在未来产业创新生态方面，对比未来产业与战略性新兴产业，构建未来产业创新生态系统框架，结合世界主要国家的未来产业政策，展现杭州在未来产业布局上的积极行动。

结语"新质中国的城市样本"，总结杭州发展新质生产力的实践经验，即重在发挥市场在创新资源配置中的关键作用，强调民营经济是经济活力的源头活水，企业家精神是驱动民营经济的核心动力。杭州践行的"生态化繁荣"理念，为各地发展新质生产力提供宝贵启示。未来城市创新和经济社会发展应遵循这一范式逻辑，尊重市场规律，促进民营经济发展，激发企业家精神，注重生态环境保护和社会公平正义，同时不可忽视国际合作与交流。

四

本书的写作过程，得到家人和众多师长、同仁、朋友的关心、支持与帮助，在此要向他们表示衷心的感谢。感谢那些在学术研究领域给予我指导和启发的老师们，他们的渊博知识和严谨治学态度，让我受益匪浅，为本书及更多课题乃至我的研究道路指明了方向。

记忆当中，新世纪以来，从阿里巴巴到"杭州六小龙"的这二十多年间，既有这座城市产业迭代发展的轮廓，也有不少杭州的朋友拔节成长的印记。其中，特别要提到的是与我以文会友、结识了二十多年的周为军先生。他不仅擅长写作，更能说会道。犹记得，多年前他还跟我神采飞扬地畅想如何打造杭州白沙泉并购金融街区，没过几年就担任起了浙商证券的战略投行部总经理、新闻发言人，还被浙江省金融业发展促进会评为 2021 年"浙江金融青年才俊"，如今又代表浙商证券与浙江财经大学开展产学研合作，参与组建成立了浙商资本市场研究院并任副院长，在杭州乃至长三角搞得风生水起。而我作为研究院的特聘教授，也与有荣焉。我想，他从昔日专栏作家到青年金融专家的这段成长史，何尝不是杭州城市精神的一个缩影呢？

于我而言，与求学经历形成对比的是，求职生涯要固定得多。从2007年到2020年，我在国务院发展研究中心系统工作了13年。在这方面，与中国搞改革开放一样，我是典型的"干中学"模式，在工作中持续提升自己的学识。对我来说，国研中心是智库界当之无愧的黄埔军校，作为精神纽带，足以牵动一生。为此，要感谢过去和现在国务院发展研究中心的各位领导和同事这么多年来对我的包容和支持。尤其要感谢全国政协提案委副主任、中国发展研究基金会理事长、国务院发展研究中心原副主任张军扩研究员。他对我一以贯之地给予提点和鼓励，从当年为我攻读中国社会科学院博士写推荐信，到去年为我的《低空经济：新质革命与场景变革》和《战略母产业：从数智竞争力到新质生产力》这两部专著写推荐序，再到最近指导本书后让拙著大为增色，无不令后学感激，为之动容。

感谢中国国际发展知识中心研究组织处处长龙海波研究员。他也与杭州渊源颇深，不仅博士毕业于浙江大学，就连另一半，也是与之一道求学杭州的同学。前些年他代表国研中心课题组专门做过杭州营商环境的评估报告，后又在另一个副省级省会城市成都挂职分管数字经济等新经济工作的副区长。之前我们就合作研究过不少前沿课题，这次涉及杭州，更希望他可以基于由他执笔的那份营商环境评估报告，与我联手出这本书。不过那份报告有一定时效性，现时隔数年，不便在本书中直接呈现了。但他还是为本书贡献了有关成果，即第二、三章的延伸阅读部分以及第六章和第九章这两个章节，更加丰富和升华了本书内容。他理所应当作为本书的共同作者，却一再谢绝署名。对此，唯有致以无尽的谢意与敬意。

　　还要感谢中国国际经济交流中心资深专家咨询委员会委员、商务部原副部长魏建国先生，浙江大学中国数字贸易研究院院长马述忠教授，中国社会科学院世界经济与政治研究所副所长、国际金融研究中心副主任徐奇渊研究员，中国宏观经济学会"中宏中青年经济学者联合会"召集人、国家发展和改革委员会宏观经济研究院市场与价格研究所室主任曾铮研究员，中国社会科学院大学应用经济学院执行院长、低空经济研究中心主任倪红福教授，中国（成都）低空经济研究院张珂秘书长，以及为本书提供相关指导和所需资料与数据的朋友们。你们的帮助让我能够更加全面、准确地了解宏观经济和区域发展情况，为本书写作奠定了更为坚实的基础。

　　特别感谢我的爱人，在我忙碌的日子里给予理解、支持和无微不至的关爱，让我能够心无旁骛地投入其中，乐此不疲。本书的顺利出版要感谢上海远东出版社领导和编辑，从曹建社长的慧眼识珠、精心安排，到祁东城和杨婷婷两位责编的认真负责、匠心独运，正是你们的这份专业与专注，让本书得以精致面市。最后要感谢的还是杭州这座城市，它以独特魅力和蓬勃活力，为我们提供了丰富的研究素材。杭州的硬核创新实践，更给予人们宝贵的经验与启示。未来发展中，希望更多城市能够有所借鉴，以创新为引领，推动经济社会高质量发展。同时也希望杭州能够继续保持创新锐气和拼搏精神，在硬核创新道路上不断攀登新的高峰，为中国乃至全球创新发展作出更大贡献。

　　与君共勉——以企业家精神征服星辰大海，在创新征程中永不止步。

朱克力 博士

2025 年 4 月于北京